Lars Lindenmüller
Untersuchung eines mittelfrequent schaltenden
DC/DC-Konverters für Traktionsanwendungen

I0131736

TUD*press*

Lars Lindenmüller

Untersuchung eines mittelfrequent schaltenden DC/DC-Konverters für Traktionsanwendungen

TUDpress
2015

Die vorliegende Arbeit wurde am 08. Januar 2015 an der Fakultät Elektrotechnik und Informationstechnik der Technischen Universität Dresden als Dissertation eingereicht und am 05. Juni 2015 verteidigt.

Vorsitzender:
Prof. Dr.-Ing. habil. Zerna, Technische Universität Dresden

Gutachter:
Prof. Dr.-Ing. Bernet, Technische Universität Dresden
Prof. Dr.-Ing. habil. Petzoldt, Technische Universität Ilmenau

Weiteres Mitglied:
Jun.-Prof. Dr. Jamshidi, Technische Universität Dresden

Bibliografische Information der Deutschen Nationalbibliothek
Die Deutsche Nationalbibliothek verzeichnet diese Publikation in der Deutschen Nationalbibliografie; detaillierte bibliografische Daten sind im Internet über http://dnb.d-nb.de abrufbar.

Bibliographic information published by the Deutsche Nationalbibliothek
The Deutsche Nationalbibliothek lists this publication in the Deutsche Nationalbibliografie; detailed bibliographic data are available in the Internet at http://dnb.d-nb.de.

ISBN 978-3-95908-019-4

© 2015 TUDpress
Verlag der Wissenschaften GmbH
Bergstr. 70 | D-01069 Dresden
Tel.: 0351/47 96 97 20 | Fax: 0351/47 96 08 19
http://www.tudpress.de

Technische Universität Dresden

Untersuchung eines mittelfrequent schaltenden DC/DC-Konverters für Traktionsanwendungen

Lars Lindenmüller

von der Fakultät Elektrotechnik und Informationstechnik der Technischen Universität Dresden zur Erlangung des akademischen Grades

Doktoringenieur

(Dr.-Ing.)

genehmigte Dissertation

Vorsitzender:	Prof. Dr.-Ing. habil. Zerna, Technische Universität Dresden
Gutachter:	Prof. Dr.-Ing. Bernet, Technische Universität Dresden
	Prof. Dr.-Ing. habil. Petzoldt, Technische Universität Ilmenau
Weiteres Mitglied:	Jun.-Prof. Dr. Jamshidi, Technische Universität Dresden

Tag der Einreichung: 8.1.2015
Tag der Verteidigung: 5.6.2015

Inhaltsverzeichnis

Abkürzungen und Formelzeichen

Abkürzungen

3L-NPC	Drei-Level Neutral Point Clamped, Mehrpunkttopologie
4-QS	Vier-Quadrantensteller
AC	alternating current, Wechselstrom
C	Kollektor
DC	direct current, Gleichstrom
E	Emitter
FC	Flying Capacitor, Mehrpunkttopologie
FES	Forced Evacuation Switch
FES1	Schalter 1 der FES
FES2	Schalter 2 der FES
FIT	failure in time, 1 FIT entspricht einem Ausfall in 10^9 Betriebsstunden
FS	Field-Stop
G	Gate
GDU	Gate Drive Unit, Ansteuereinheit eines IGBT
GTO	Gate Turn-Off Thyristor, abschaltbarer Thyristor
HV-IGBT	Hochspannungs-IGBT
IGBT	Insulated Gate Bipolar Transistor
LPT	Light-Punch-Through
MF	Mittelfrequenz
MV	medium voltage, Mittelspannung (zwischen $1\,\mathrm{kV}$ und $35\,\mathrm{kV}$)
N	N-dotiert
N^-	schwach N-dotiert
N^+	stark N-dotiert
NPT	Non Punch Through
P	P-dotiert
P^-	schwach P-dotiert
Pn	Primärseitiges IGBT-Modul n
Pna	äußeres IGBT-Modul n (bei Mehrpunkttopologien)
Pni	inneres IGBT-Modul n (bei Mehrpunkttopologien)
RLZ	Raumladungszone
Sn	Sekundärseitiges IGBT-Modul n
SPT	Soft-Punch-Through
SRC	series resonant converter, Serienresonanzkonverter
ZCS	Zero-Current-Switching, Nullstromschalten
ZK	Zwischenkreis
ZVS	Zero-Voltage-Switching, Nullspannungsschalten

Formelzeichen

η	Effizienz bzw. mittlerer Wirkungsgrad
C_{DCp}	primärseitiger Zwischenkreiskondensator
C_{DCs}	sekundärseitiger Zwischenkreiskondensator
C_{f}	Kapazität LCL-Filter, bzw. „flying capacitor" in der FC-Topologie
C_{p}	primärseitige Zwischenkreiskapazität im Simulationsmodell der MF-Topologie
C_{p1}	primärseitige Zwischenkreiskapazität 1 bei geteilter primärseitiger Zwischenkreiskapazität
C_{p2}	primärseitige Zwischenkreiskapazität 2 bei geteilter primärseitiger Zwischenkreiskapazität
C_{resp}	primärseitiger Resonanzkondensator
C_{resp1}	primärseitiger Resonanzkondensator 1, bei geteiltem Resonanzkondensator
C_{resp2}	primärseitiger Resonanzkondensator 2, bei geteiltem Resonanzkondensator
C_{ress}	sekundärseitiger Resonanzkondensator
C_{ress1}	sekundärseitiger Resonanzkondensator 1, bei geteiltem Resonanzkondensator
C_{ress2}	sekundärseitiger Resonanzkondensator 2, bei geteiltem Resonanzkondensator
C_{rp}	primärseitiger Resonanzkondensator im Simulationsmodell der MF-Topologie und im Teststand zur Untersuchung des SRC in Mehrpunkttopologie
C_{rs}	sekundärseitiger Resonanzkondensator im Simulationsmodell der MF-Topologie und im Teststand zur Untersuchung des SRC in Mehrpunkttopologie
C_{s1}	sekundärseitige Zwischenkreiskapazität 1 bei geteilter sekundärseitiger Zwischenkreiskapazität
C_{s2}	sekundärseitige Zwischenkreiskapazität 2 bei geteilter sekundärseitiger Zwischenkreiskapazität
D_{n1}	Neutral Point Clamping Diode 1
D_{n2}	Neutral Point Clamping Diode 2
e	Integral der momentanen Verlustleistung p von 0 bis t
E	Verlustenergie in einer Resonanzperiode
E_{FES}	Verlustenergie der FES in einer Resonanzperiode
E_{RLZ}	Elektrisches Feld in der Raumladungszone
f_{4QS}	Trägerfrequenz der Referenzsignale des 4-QS im Simulationsmodell der MF-Topologie
f_{res}	Resonanzfrequenz
f_{s}	Schaltfrequenz des Serienresonanzkonverter
HL_{ESB}	Spannungsabfall über den Halbleitern im gemittelten Ersatzschaltbild des SRC
i_{4QS}	Ausgangsstrom des 4-QS im Simulationsmodell der MF-Topologie
I_{av}	über eine Schaltperiode gemittelter Strom durch den DC/DC-Konverter
$I_{\mathrm{C,P1,max}}$	Spitzenwert des durch IGBT-Modul P1 fließenden Stromes
$i_{\mathrm{C,P1}}$	Kollektorstrom durch IGBT-Modul P1
$i_{\mathrm{C,P1\text{-}hall}}$	Kollektorstrom durch IGBT-Modul P1, gemessen mit einer Hall-Sonde
$i_{\mathrm{C,P2a}}$	Kollektorstrom durch IGBT-Modul P2a
$i_{\mathrm{C,P2i}}$	Kollektorstrom durch IGBT-Modul P2i
$i_{\mathrm{C,S1}}$	Kollektorstrom durch IGBT-Modul S1
i_{c}	Kollektorstrom (in den Kollektoranschluss eines IGBT fließender Strom)
i_{DCp}	primärseitig aus dem Zwischenkreiskondensator fließender Strom
i_{DCs}	sekundärseitig in den Zwischenkreiskondensator fließender Strom
i_{Dn2}	Strom durch Diodenmodul Dn2
i_{FES}	Strom durch die FES
i_{g}	Gate-Strom (in den Gateanschluss eines IGBT fließender Strom)
i_{hilfs}	Strom durch die Hilfswicklung des Transformators

I_L	Laststrom
i_{mag}	Magnetisierungsstrom
I_{max}	Maximalwert des Stromes durch den DC/DC-Konverter
i_{MF}	netzseitiger Strom des MF-Konverters
i_n	Durch freie Elektronen (n) bedingter Anteil des Kollektorstromes im IGBT
i_{netz}	Netzstrom
i_p	Durch Fehlstellen (Löcher, p) bedingter Anteil des Kollektorstromes im IGBT
i_{P1}	simulativ ermittelter Strom durch IGBT-Modul P1
i_{P2}	simulativ ermittelter Strom durch IGBT-Modul P2
$i_{trafo,sek}$	sekundärseitiger Transformatorstrom
i_{trafo}	primärseitiger Transformatorstrom
$L_{\sigma,trafo}$	Streuinduktivität des Transformators
$L_{\sigma hilfs}$	Streuinduktivität der Hilfswicklung des Transformators
$L_{\sigma p}$	der Primärseite des Transformators zugeordneter Anteil der Streuinduktivität in der T-Ersatzschaltung
$L_{\sigma s}$	der Sekundärseite des Transformators zugeordneter Anteil der Streuinduktivität in der T-Ersatzschaltung
L_{ESB}	Ersatzinduktivität im gemittelten Ersatzschaltbild des SRC
L_{f1}	netzseitige Induktivität LCL-Filter
L_{f2}	konverterseitige Induktivität LCL-Filter
L_H	Hauptfeldinduktivität des Transformators
L_k	Kommutierungsinduktivität
L_s	zur Streuinduktivität der Hilfswicklung des Transformators in Reihe geschaltete Zusatz-Induktivität
m	Modulationsindex
N	Anzahl der in der MF-Topologie eingesetzten Module
p	momentane Verlustleistung
$P_{netz,max}$	Maximale Leistung, die mit einer gegebenen Schaltungskonfiguration dem Traktionsnetz entnommen werden kann
$P_{netz,min}$	Maximale Leistung, die mit einer gegebenen Schaltungskonfiguration in das Traktionsnetz rückgespeist werden kann
P_{netz}	aus dem Traktionsnetz entnommene Leistung
$P_{V,X}$	Über einer Netzperiode gemittelte Verlustleistung in IGBT-Modul X, ermittelt durch Verknpüfung der Simulations- und Messergebnisse
$P_{WR,ges}$	durch die Motorwechselrichter vom Zwischenkreis abgeforderte Leistung
R_{ESB}	Ersatzwiderstand im gemittelten Ersatzschaltbild des SRC
R_f	Dämpfungswiderstand LCL-Filter
R_{NPC}	parallel zur Reihenschaltung von D_{n1} und D_{n2} geschalteter Widerstand
R_{p1}	parallel zu C_{p1} geschalteter Symmetrierwiderstand
R_{p2}	parallel zu C_{p2} geschalteter Symmetrierwiderstand
R_{rp}	parallel zu C_{rp} geschalteter Symmetrierwiderstand
R_{rs}	parallel zu C_{rs} geschalteter Symmetrierwiderstand
$S_{1,5kV}$	Mechanischer Schalter, der bei Betrieb eines mehrsystemfähigen Antriebs unter 1,5 kV DC geschlossen werden muss
S_{3kV}	Mechanischer Schalter, der bei Betrieb eines mehrsystemfähigen Antriebs unter 3 kV DC geschlossen werden muss
S_{AC}	Mechanischer Schalter, der bei Betrieb eines mehrsystemfähigen Antriebs unter Wechselspannung geschlossen werden muss
T_{4QS}	Periodendauer der Referenzsignale des 4-QS im Simulationsmodell der MF-Topologie
T_{ED}	Einschaltdauer

T_j	Sperrschichttemperatur
T_{k1}	Kommutierungszeit 1 für den 3L-NPC
T_{k2}	Kommutierungszeit 2 für den 3L-NPC, festgelegt auf $1\,\mu s$
T_{k3}	Kommutierungszeit 3 für den 3L-NPC
T_{res}	Resonanzperiodendauer
T_S	Schaltperiodendauer
$T_{V,FES,aus}$	Wartezeit zwischen Einschalten des jeweils komplementären IGBT und Abschalten der FES
$T_{V,FES,ein}$	Wartezeit zwischen Abschalten des jeweils zugeordneten IGBT und Einschalten der FES
T_{WS}	Wechselrichter-Sperrzeit
$u_{CE,P1}$	Kollektor-Emitter-Spannung über IGBT-Modul P1
$u_{CE,P2a}$	Kollektor-Emitter-Spannung über IGBT-Modul P2a
$u_{CE,P2i}$	Kollektor-Emitter-Spannung über IGBT-Modul P2i
$u_{CE,S1}$	Kollektor-Emitter-Spannung über IGBT-Modul S1
u_{CE}	Kollektor-Emitter-Spannung am IGBT
U_{CE}	Über IGBT-Modul P1 im Blockierzustand abfallende Kollektor-Emitter-Spannung
U_{DC}	Gleichspannung(squelle)
U_{diff}	Ausgangsspannung des Differenzspannungs-Ladegerätes
$u_{E,P1}$	Emitter-Spannung (gemessen am Hilfsemitter gegen Erde) des IGBT-Modul P1
u_{FES}	Spannung über der FES
$u_{G,P1}$	Gate-Spannung (gemessen gegen Erde) des IGBT-Modul P1
u_{GE}	Gate-Emitter-Spannung am IGBT
u_{hilfs}	Spannung über der Hilfswicklung des Transformators
U_{HV}	Ausgangsspannung des Hochspannungsladegerätes
$u_{kontroll}$	Spannung über einem dauerhaft eingeschaltetn IGBT, zur Kontrolle der Messung von $u_{CE,P1}$ im Durchlassbereich
u_{MF}	netzseitige Spannung des MF-Konverters
U_{MPs}	Spannungsquelle zur Stabilisierung des Mittelpunktes des sekundärseitig geteilten Zwischenkreiskondensators im Teststand zur Untersuchung des SRC in Mehrpunkttopologie
u_{netz}	Netzspannung
u_P	primärseitige Zwischenkreisspannung
u_S	sekundärseitige Zwischenkreisspannung
$u_{Vcesat,P1}$	Messung der $V_{CE,sat}$-Überwachungsspannung von IGBT P1
$u_{Vcesat,P2a}$	Messung der $V_{CE,sat}$-Überwachungsspannung von IGBT P2a
$u_{Vcesat,P2i}$	Messung der $V_{CE,sat}$-Überwachungsspannung von IGBT P2i
u_{ZK}	Zwischenkreisspannung
$V_{CE,sat}$	Kollektor-Emitter-Sättigungsspannung
$\bar{x}_y$	Mittelwert der zeitlich veränderlichen Größe x_y
X_y	Gleichgröße, bzw. RMS-Wert der zeitlich veränderlichen Größe x_y
$X_{y,1}$	netzfrequenter Grundschwingungsanteil der zeitlich veränderlichen Größe x_y

Kurzfassung

Die vorliegende Arbeit beschäftigt sich mit der Topologie der kaskadierten Vierquadrantensteller mit Einzeltransformatoren für Traktionsanwendungen (Mittelfrequenztopologie). Ziel ist dabei die Untersuchung des mittelfrequent schaltenden DC/DC-Konverters, ein mit 8 kHz betriebener Serienresonanzkonverter.

Dazu werden in einem dafür entworfenen Teststand verschiedene IGBTs und Schaltungskonfigurationen des Serienresonanzkonverters untersucht. Die spezielle Betriebsweise des Teststandes erlaubt es, bei sehr geringer Netzteilleistung den Dauerbetrieb des Konverters nachzubilden. Untersucht werden neun IGBT-Module verschiedener Hersteller mit 6,5 kV und 3,3 kV Blockierspannung, der Einfluss von Bestrahlung der IGBTs und der Einfluss der Schaltungsparameter Resonanzfrequenz, Hauptfeldinduktivität sowie Variation des Ausschaltzeitpunktes (Abschalten eines geringen Stromes). Daneben wird erstmals eine neue Methode zur Verlustreduktion der Leistungshalbleiter als Nullstromschalter durch eine Zusatzschaltung, den „Forced Evacuation Switch" (FES), beschrieben.

Die Evaluation der Schaltungskonfigurationen erfolgt mit einem Simulationsmodell des Gesamtkonverters durch einen Vergleich der Verluste während eines typischen Nahverkehrsfahrspiels. Wichtigstes Ergebnis ist, dass sich mit keiner der untersuchten Schaltungskonfigurationen mit 6,5 kV IGBTs der Konverter im gesamten geforderten Leistungsbereich von $-3 \ldots 3$ MW betreiben lässt.

Deshalb werden verschiedene Schaltungskonfigurationen vorgeschlagen, bei denen ausschließlich 3,3 kV IGBTs verwendet werden. Bei zwei Varianten (eine 3-Level Neutral Point Clamped Topologie und eine Reihenschaltung von Halbbrücken) werden die symmetrische Aufteilung der Blockierspannung der IGBTs sowie qualitativ deren Verluste, bzw. die Aufteilung der Verluste auf die einzelnen Schalterpositionen, untersucht. Vor- und Nachteile beider Varianten werden gegenübergestellt und diskutiert.

Um grenzüberschreitenden Verkehr zu ermöglichen, werden schließlich Konzepte zur Realisierung von Mehrsystemfähigkeit (15 kV/16,7 Hz, 25 kV/50 Hz, 3 kV DC und 1,5 kV DC) mit der MF-Topologie erarbeitet.

Abstract

This thesis deals with the traction topology of series connected four-quadrant converters (medium frequency topolgy). The objective is to investigate the medium frequency DC/DC-converter, a series resonance converter operated at 8 kHz.

Different IGBTs and parameters of the series resonant converter are investigated in a specially derived and realized test bench. The particular mode of operation of the test bench allows the investigation of a steady-state-like behavior while employing power supplies with low power ratings. Nine IGBT modules from different manufacturers with voltage ratings of 6.5 kV and 3.3 kV, the influence of IGBT irradiation and the circuit parameters resonance frequency, magnetizing inductance as well as a variation of the turn-off moment are investigated. Additionally a novel method to reduce power semiconductor losses at zero current switching with an additional circuitry, the „Forced Evacuation Switch" (FES), is introduced.

The different cuircuit parameters are evaluated using a simulation model of the complete system, comparing the power semiconductor losses during a typical regional train operational cycle. Here the most important result is that none of the investigated converters, utilizing configurations with 6.5 kV IGBTs, could be operated in the complete defined power range of $-3\ldots 3$ MW.

Thus different configurations, employing only 3.3 kV IGBTs, are proposed. For two variants (namely a 3-Level neutral Point Clamped topology and a series connection of half-bridges) the balancing of IGBT blocking voltages and losses (qualitatively), as well as the power semiconductor loss distribution, are investigated. Advantages and disadvantages of both alternatives are compared and discussed.

Finally different concepts for multi-system operation, i.e. the ability to operate under multiple traction grid systems (15 kV/16.7 Hz, 25 kV/50 Hz, 3 kV DC und 15 kV DC), are developed and presented.

Kapitel 1

Einleitung

Abbildung 1.1: Doppelstock-Triebwagen, Studie von Bombardier Transportation in Görlitz

Im Nahverkehr – und zukünftig verstärkt im Interregio-Verkehr – ist der Einsatz von Doppelstockwagen sehr beliebt, da diese das Lichtraumprofil besser ausnutzen und bei gleicher Wagenlänge mehr Sitzplätze bieten als ein einstöckiges Fahrzeug. Das bedeutet jedoch auch, dass das Gewicht eines Doppelstockwagens höher und damit näher an den maximal zulässigen Achslasten ist.

Deshalb werden Doppelstockwagen in der Regel von Lokomotiven gezogen. Soll ein Doppelstockzug ohne Lokomotive mit eigenem Antrieb fahren, ist dies momentan nur als Triebzug möglich, d.h. dass der Antrieb aus Gewichtsgründen auf mehrere Wagen verteilt ist. Damit kann der Doppelstockzug jedoch nicht mehr flexibel erweitert oder verkürzt werden, worunter die Wirtschaftlichkeit einer solchen Lösung leidet: Entweder stehen zeitweise zu wenige Sitzplätze zur Verfügung, wenn z.B. in Stoßzeiten auf einer Strecke mehr Sitzplätze benötigt werden, oder der Triebzug ist einen Großteil der Zeit nur teilweise besetzt, was aus Sicht des Energieverbrauchs ungünstig ist.

Um für einen Doppelstockzug ohne Lokomotive die Flexibilität eines lokbespannten Zuges zu schaffen, wird ein Doppelstock-Triebwagen benötigt. In Abbildung 1.1 ist ein solcher Wagen, der als „Lokomotive mit Sitzplätzen" verstanden werden kann, als Studie von Bombardier Görlitz dargestellt. Größte Herausforderung dabei ist, den gesamten Traktionsstrang in dem begrenzt zur Verfügung stehenden Bauraum unterzubringen ohne dabei die maximalen Achslasten zu überschreiten. Erste Untersuchungen haben ergeben, dass bei Einsatz einer konventionellen Topologie, wie sie in Abschnitt 2.1 vorgestellt wird, der Traktionsstrang bereits 12 % des gesamten Fahrzeuggewichtes ausmacht, wobei die Hälfte des Gewichtes auf den 16,7 Hz Netztransformator entfällt.

Im Rahmen des durch das Bundesministerium für Bildung und Wirtschaft geförderten Projekts DOMFTR – „Doppelstock-Mittelfrequenz-Traktion", das in Kooperation zwischen der Technischen Universität Dresden und Bombardier Transportation durchgeführt wurde, soll daher eine alternative Traktionstopologie untersucht werden. Als Teil dieses Projektes entstand die vorliegende Arbeit, die folgendermaßen aufgebaut ist:

- In Kapitel 2 wird der konventionelle Traktionsstrang sowie der Stand der Technik der Traktionstopologien ohne 16,7 Hz Transformator vorgestellt. Nach einer kurzen Übersicht über die Funktionsweise von IGBTs erfolgt eine Präzisierung der Ziele der Arbeit.

- Die Untersuchung des mittelfrequent schaltenden, Mittelspannungs-DC/DC-Konverters sowie der dort eingesetzten Leistunghalbleiter ist Bestandteil von Kapitel 3. Neben der experimentellen Untersuchung bekannter Maßnahmen zur Verringerung der Leistungshalbleiterverluste, wird auch eine neue Möglichkeit vorgestellt, die Halbleiterverluste durch eine Zusatzschaltung (FES - „Forced Evacuation Switch") über einen weiten Betriebsbereich zu reduzieren.

- In Kapitel 4 wird der DC/DC-Konverter für den Einsatz in der Mittelfrequenztopologie optimiert. Dabei erfolgt zunächst auf Basis durchgeführter Messreihen sowie simulativ ermittelter Strom- und Spannungsverläufe eine Auswahl an IGBTs und Schaltungsparametern, mit denen sich die geplante Traktionstopologie im geforderten Leistungsbereich realisieren lässt. Daraus resultierend ergibt sich die Notwendigkeit, auf der Primärseite des DC/DC-Konverters eine Mehrpunkttopologie einzusetzen. Zwei verschiedene Realisierungsmöglichkeiten werden vorgestellt und miteinander verglichen.

- Mit den Möglichkeiten der Realisierung der Mehrsystemfähigkeit für den grenzüberschreitenden, innereuropäischen Schienenverkehr beschäftigt sich Kapitel 5. Dabei werden bestehende Mehrsystemkonzepte vorgestellt und darauf basierend Vorschläge zur Realisierung der Mehrsystemfähigkeit mit der in dieser Arbeit untersuchten Topologie abgeleitet.

- Abschließend werden wesentliche Ergebnisse der Arbeit in Kapitel 6 zusammengefasst.

Kapitel 2

Stand der Technik und Ausgangspunkt der Arbeit

In diesem Kapitel wird zunächst der konventionelle Traktionsstrang vorgestellt. Danach folgt eine Übersicht über alternative Ansätze, bei denen jeweils der 16,7 Hz Transformator durch leistungselektronische Schaltungen ersetzt wird. Zum besseren Verständnis des in den folgenden Kapiteln beschriebenen Verhaltens der Leistungshalbleiter, werden Aufbau, Schaltverhalten und Technologien des IGBT vorgestellt. Abschließend erfolgt eine Präzisierung der bearbeiteten Aufgabenstellung.

2.1 Konventionelles Traktionssystem

In Abbildung 2.1 ist ein vereinfachtes Prinzipschaltbild des Antriebsstranges eines Traktionssystems in konventioneller Technik dargestellt. Direkt an den Fahrdraht ist der 16,7 Hz Transformator angeschlossen, der die 15 kV hohe Fahrdrahtspannung heruntertransformiert. Die Wechselspannung wird danach in einem oder mehreren Vier-Quadrantenstellern (4-QS), wie dargestellt, gleichgerichtet. Begrenzt durch aktuell verfügbare Leistungshalbleiter sind Zwischenkreisspannungen u_{ZK} im Bereich bis etwa 4 kV (bei Verwendung von 6,5 kV Bauelementen) möglich. Durch die einphasige Speisung pulsiert der Ausgangsstrom der 4-QS i_{4QS} mit der doppelten Netzfre-

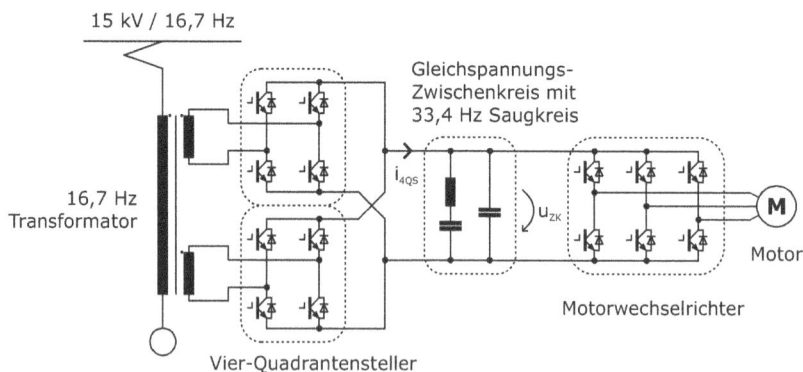

Abbildung 2.1: Vereinfachte Darstellung des Antriebsstrangs eines konventionellen 16,7 Hz Traktionssystems, mit zwei Vier-Quadrantenstellern (4-QS), Spannungszwischenkreis und 33,4 Hz Saugkreis sowie Motorwechselrichter und Motor

quenz. Um diesen Frequenzanteil in der Zwischenkreisspannung u_{ZK} mit begrenztem Kondensatoraufwand zu dämpfen, kann dem Zwischenkreiskondensator ein auf 33,4 Hz abgestimmter Saugkreis parallel geschaltet werden. Aus dem Zwischenkreis werden die Motorwechselrichter gespeist. An die Motorwechselrichter sind ein oder mehrere Motoren angeschlossen, die meist über ein Getriebe mit den Antriebsrädern verbunden sind und für den Vortrieb des Zuges sorgen.

Neben den beschriebenen und dargestellten Komponenten, die in einer Lokomotive oder einem Triebfahrzeug auch mehrfach vorhanden sein können, sind an eine oder mehrere Zusatzwicklungen des Transformators – eventuell über Stromrichter – noch die Hilfsbetriebe und die Zugsammelschiene angeschlossen. Die Spannung der Zugsammelschiene beträgt, nach UIC 552 bei der Traktionsnetzfrequenz von 16,7 Hz, 1000 V.

2.2 Traktionslösungen ohne 16,7 Hz Transformator

Der 16,7 Hz Transformator kann als technisch ausgereift angesehen werden. Vom Einsatz von Supraleitern einmal abgesehen, die für Traktionsanwendungen zwar untersucht [1],[2], aber derzeit nicht eingesetzt werden, sind keine Sprünge in der Entwicklung mehr zu erwarten. Eine Verringerung des Transformatorgewichtes geht daher mit einer Verschlechterung des Wirkungsgrades einher. Deshalb gehen bereits seit 1978 Forschungsbemühungen in die Richtung, den Transformator durch Leistungselektronik zu ersetzen ("Silizium statt Kupfer und Eisen") [3]. Die meisten Ansätze nutzen dabei aus, dass bei gleicher Nennleistung die Baugröße des Transformators mit steigender Betriebsfrequenz sinkt[1].Dieses Prinzip findet neben der Traktion auch in der Verteilung elektrischer Energie Anwendung und wird unter dem Oberbegriff "Solid State Transformer" zusammengefasst. Eine ausführliche Übersicht über den Stand der Technik auf diesem Gebiet bietet [5].

2.2.1 Direktumrichter

Thyristordirektumrichter

In [3] und später in [6] wird ein Traktionssystem ohne 16,7 Hz Transformator vorgeschlagen, dargestellt in Abbildung 2.2. An den Transformator, der im Frequenzbereich zwischen 200 und 400 Hz betrieben wird, ist primärseitig ein thyristorbasierter Direktumrichter (Thyristorsteller)

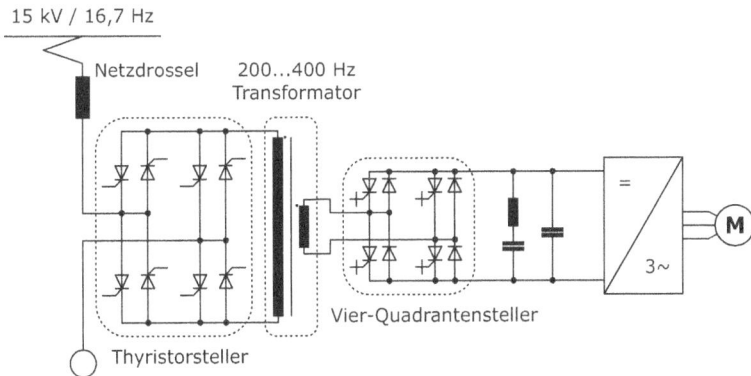

Abbildung 2.2: Sekundärseitig kommutierter thyristorbasierter Direktumrichter

---

[1]Eine ausführliche Herleitung des Zusammenhanges zwischen Baugröße und Betriebsfrequenz des Transformators findet sich z.B. in [4]

und sekundärseitig ein auf Gate-Turn-Off Thyristoren (GTOs) basierter 4-QS angeschlossen. Der Thyristorsteller wird dabei durch die Sekundärseite kommutiert. Um diese Schaltung, die einen hohen Anteil Netz- und Schaltfrequenzharmonischer aufweist, an das Traktionsnetz anschließen zu können, ist jedoch eine große Netzdrossel erforderlich [7].

IGBT-basierter Direktumrichter

Als eine Weiterentwicklung des thyristorbasierten Direktumrichters kann die in [8],[9],[10] (eine Variante mit dreiphasigem Transformator ist bereits in [11] beschrieben) vorgeschlagene Topologie verstanden werden. Die beiden antiparallel verschalteten Thyristoren in Abbildung 2.2 werden dabei durch eine Serienschaltung von antiseriell verschalteten IGBTs ersetzt. Auch die GTOs des 4-QS sind durch IGBTs mit parallelen Snubber-Kondensatoren ersetzt. Da der Umrichter weiter durch die Sekundärseite kommutiert ist, wird die Abschaltfähigkeit der primärseitigen IGBTs nicht benötigt. Durch die Verwendung von IGBTs kann die Schaltfrequenz gegenüber der in Abbildung 2.2 gezeigten Variante, bei der die Schaltfrequenz durch die Freiwerdezeit der Thyristoren begrenzt ist, je nach Betriebsweise theoretisch auf 1...4,5 kHz [10] erhöht werden. Damit können Transformator und Netzdrossel kleiner ausgeführt werden.

Kaskadierter Direktumrichter

Zur Verringerung der Netzverzerrungen durch die in Abbildung 2.2 dargestellte Topologie wird bereits in [6],[7] ein auf Thyristoren basierender, kaskadierter Direktumrichter vorgeschlagen. Ein 10 kVA Prototyp mit vier Kaskadenmodulen, bei dem anstelle der Thyristoren antiseriell verschaltete IGBTs verwendet werden, wird 2006 in [12],[13] beschrieben. Ein entsprechend der Topologie in Abbildung 2.3 aufgebauter Prototyp mit 1,2 MW Dauerleistung wird 2007 in [14] vorgestellt. Hier kommen 3,3 kV/400 A IGBTs zum Einsatz, so dass insgesamt eine Kaskade mit 16 Modulen benötigt wird. In [15],[16],[17] wird aktuell der Einsatz von SiC Bauelementen diskutiert, mit dem Ziel eine Anlage mit 2 MW für 25 kV/50 Hz aufzubauen.
Eine ähnliche Topologie findet sich in [18],[19]. Hier wird ein Traktionssystem vorgestellt, bei dem die primärseitig in Reihe geschalteten IGBT-basierten Direktumrichter gemeinsam über

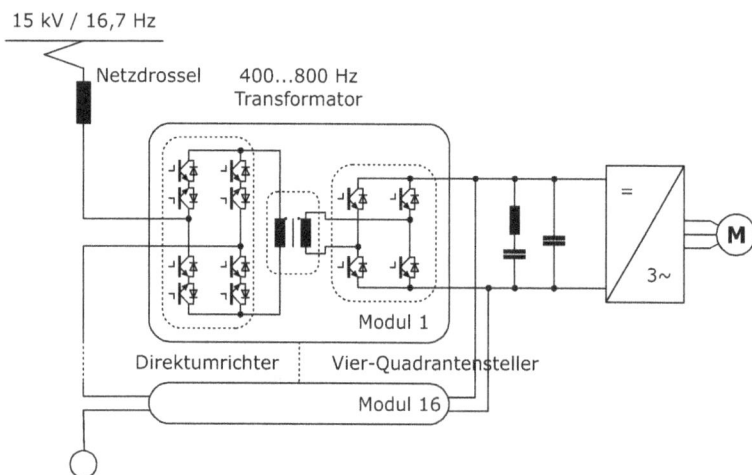

Abbildung 2.3: ABB Prototyp eines auf 3,3 kV IGBTs basierenden kaskadierten Direktumrichters mit 16 Modulen

einen oder zwei Mehrwicklungstransformatoren mit der Sekundärseite verbunden sind. Ein 4 kVA Prototyp mit zwei Direktumrichterzellen wird in [20] gezeigt. Eine weitere Variante eines kaskadierten Direktumrichters findet sich in [21]. Darin wird eine Topologie mit einer Serienschaltung von nur zwei Direktumrichtermodulen, die jeweils mit mehreren in Serie geschalteten IGBTs realisiert sind, vorgeschlagen.

2.2.2 Kaskadierter Vierquadrantensteller

Kaskadierter Vierquadrantensteller mit Einzeltransformatoren

Die in Abbildung 2.4 dargestellte Topologie wurde 1996 zum Patent angemeldet [22],[23]. Der eingesetzte DC/DC-Konverter ist dabei bereits in [24] beschrieben und wird in [25] weiter un-

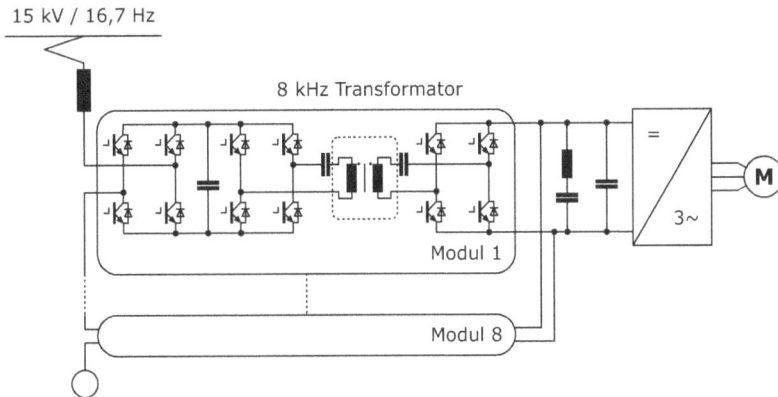

Abbildung 2.4: Mittelfrequenztopologie, bestehend aus einer Reihenschaltung von Vierquadrantenstellern, die jeweils über einen DC/DC-Konverter mit Mittelfrequenztransformator mit dem Gleichspannungszwischenkreis verbunden sind

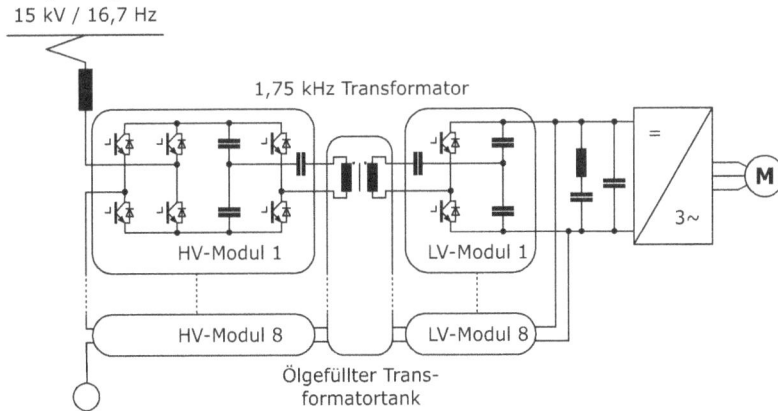

Abbildung 2.5: Realisierte Mittelfrequenztopologie von ABB, die unter der Bezeichnung PETT („Power Electronic Traction Transformer") seit Anfang 2012 auf einer Rangierlokomotive im Einsatz ist

8

tersucht. Vorteilhaft ist dabei, dass kein geschlossener Regelkreis benötigt wird. Der DC/DC-Konverter wird gesteuert betrieben. Durch eine geringe Streuinduktivität wird trotzdem eine enge Kopplung zwischen der Spannung des primär- und sekundärseitigen Zwischenkreiskondensators erreicht. Wegen des Resonanzkreises ist ein schaltentlasteter Betrieb der eingesetzten IGBTs möglich.

Diese Topologie wird von Bombardier [26],[27], Siemens [28],[29], ABB [30],[31],[32],[33],[34] und anderen [35] untersucht. Die von ABB verwendete Topologie ist leicht abgewandelt. Es wird ein DC/DC-Konverter mit Halb- statt mit Vollbrücken eingesetzt, siehe Abbildung 2.5. Daneben wird eine gegenüber der ursprünglich vorgeschlagenen Topologie aus [22],[23] deutlich verringerte Schaltfrequenz von 1,75 kHz verwendet. Neben verschiedenen Laboraufbauten ist das als PETT („Power Electronic Traction Transformer") bezeichnete System seit Anfang 2012 auf einer Rangierlokomotive (Nennleistung 1,2 MW) der SBB im Genfer Hauptbahnhof [36] im Probeeinsatz und kann damit als die erste für Traktionsanwendungen realisierte Mittelfrequenztopologie bezeichnet werden.

Kaskadierter Vierquadrantensteller mit Mehrwicklungstransformator

Neben der in Abbildung 2.4 gezeigten, wurden auch Varianten mit einem einzigen Transformator untersucht, bei dem aus mehreren Primärwicklungen eine Sekundärwicklung gespeist wird, siehe Abbildung 2.6. Die Topologie wurde 1999 zum Patent angemeldet [37] und ist in [4] ausführlich beschrieben. Ein Labordemonstrator mit einer Nennleistung von 1 MW wurde mit 3,3 kV/400 A IGBT-Doppelmodulen realisiert.

Eine im Ausblick von [4] angedeutete und später realisierte Variante ist die als „eTransformer" bezeichnete Schaltungsvariante in Abbildung 2.7. Dabei kommen 6,5 kV IGBTs zum Einsatz, wodurch die Anzahl der primärseitigen Module reduziert werden kann. Gleichzeitig wird der Einsatz einer Schaltentlastung notwendig, weshalb die in der Abbildung 2.7 gezeigten Resonanzkondensatoren zum Einsatz kommen. Von der Firma SMA konnte in Zusammenarbeit mit Alstom ein Labordemonstrator mit einer Nennleistung von 1,5 MW realisiert werden, der für die Realisierung einer Hybridvariante (Diesel und 15 kV/16,7 Hz) des Triebzuges „LIREX Experimental" vorgesehen war [38],[39].

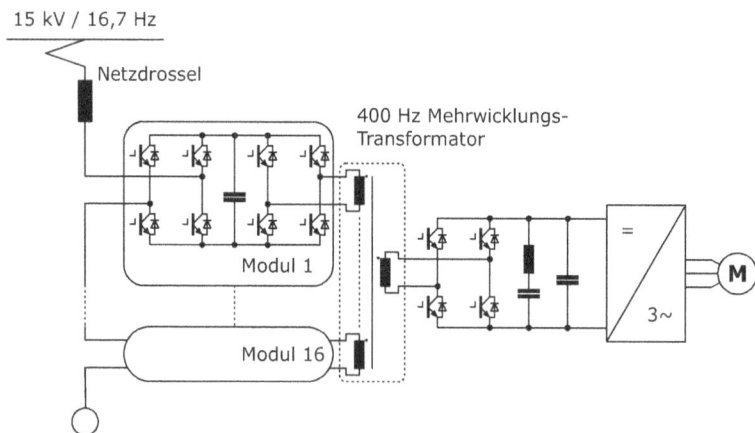

Abbildung 2.6: Kaskadierter Vierquadrantensteller, bei dem die einzelnen Module an jeweils eine Primärwicklung eines Mehrwicklungstransformators angeschlossen sind

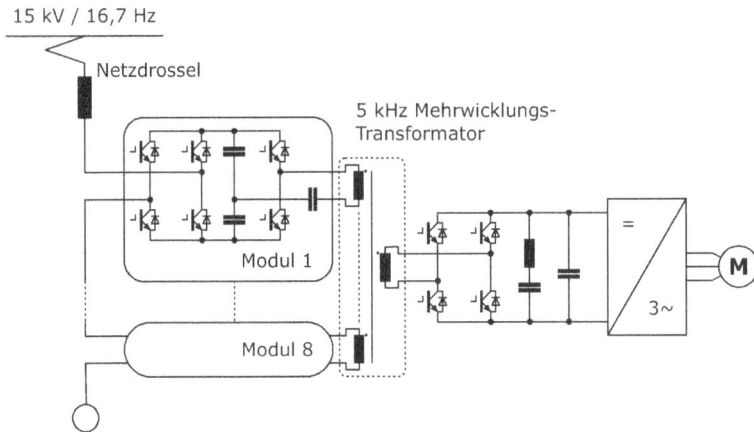

Abbildung 2.7: Der von SMA und Alstom entwickelte „eTransformer" – eine Weiterentwicklung der in Abbildung 2.6 dargestellten Variante, bei der statt 3,3 kV IGBTs 6,5 kV IGBTs eingesetzt werden, der DC/DC-Konverter resonant ausgeführt ist und die Schaltfrequenz auf 5 kHz sowie die Nennleistung auf 1,5 MW erhöht sind

2.2.3 Modularer Multi-Level Konverter

Mit der Erfindung des „Modularen Multilevel Konverters" (ML2C, auch M2C, MMC) [40] wurde eine Umrichterfamilie geschaffen, die aktuell im Zentrum intensiver Forschungen steht. Eine Variante des ML2C kann dabei auch für Traktionsanwendungen eingesetzt werden [41],[42]. Diese Schaltung ist in Abbildung 2.8 dargestellt. Die vorgeschlagene 5 MW Variante würde dabei mit $N = 18$, also insgesamt 72 Modulen, für eine Zweisystemanwendung (15 kV/16,7 Hz und 25 kV/50 Hz) realisiert werden. In den Modulen sollen 3,3 kV IGBTs eingesetzt werden. Ein 2 MW Prototyp mit insgesamt 17 netzseitigen Spannungsstufen ($N = 8$), aufgebaut mit 1,2 kV IGBTs, ist in [43] vorgestellt.

2.2.4 Alternative Topologie ohne Mittelfrequenztransformatoren

Eine weitere mögliche Variante zur Reduktion des Gesamtgewichtes des Traktionssystems, die auch unter den Oberbegriff „Kaskadierter Vierquadrantensteller" eingeordnet werden kann, ist die in Abbildung 2.9 gezeigte Topologie. Dabei wird komplett auf eine Potentialtrennung durch einen (Mittelfrequenz-)Transformator zwischen Netz und Motoren verzichtet, womit die Isolation der Traktionsmotoren für die volle Netzspannung ausgelegt werden muss. Dieses Prinzip wurde 1996 zum Patent angemeldet [44] und ist ausführlich in [45],[46],[47] und [48] beschrieben.

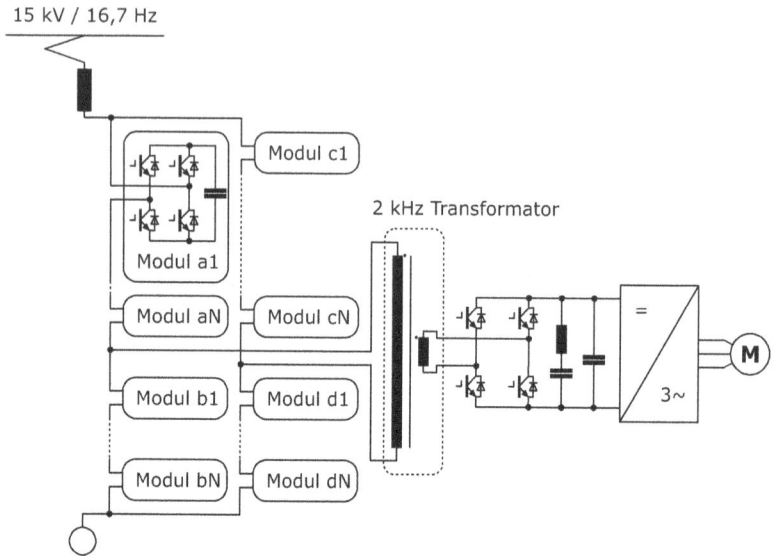

Abbildung 2.8: Eine Variante des „Modular Multilevel Konverter" (ML2C) für einphasige Traktionsanwendungen

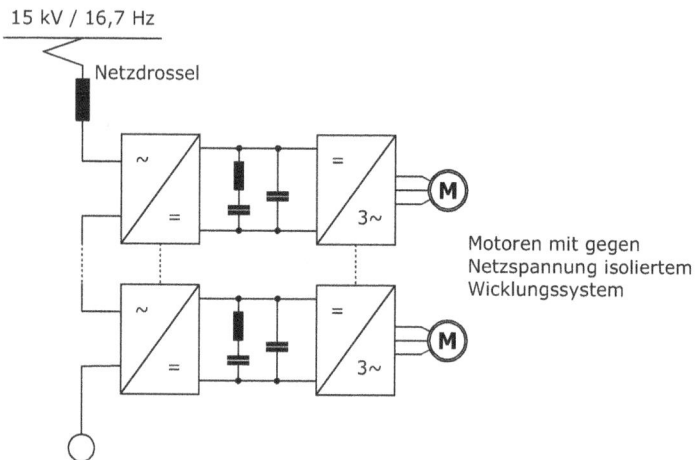

Abbildung 2.9: Alternative Topologie ohne Potentialtrennung zwischen Netz und Motoren

2.3 Insulated Gate Bipolar Transistor

In der Mehrzahl der in Abschnitt 2.2 vorgestellten, jüngeren Ansätze kommen IGBTs zum Einsatz. Daneben bildet das Untersuchen der Schalteigenschaften von Hochspannungs-IGBTs (HV-IGBTs), mit Blockierspannungen von 6,5 kV oder 3,3 kV, bei Einsatz im Serienresonanz-konverter, einen wesentlichen Teil dieser Arbeit. Deshalb sollen hier die internen Vorgänge im IGBT, soweit sie zum besseren Verständnis für diese Arbeit relevant sind, kurz zusammenge-fasst werden. Vereinfachend wird dabei zunächst nur auf den NPT (Non Punch Through) IGBT eingegangen.

IGBTs sind eine Weiterentwicklung vertikaler Leistungs-MOSFETs. Der prinzipielle Aufbau beider Halbleiterschalter ist ähnlich. Im IGBT ist jedoch eine zusätzliche P$^+$-Schicht eingebracht, die einen dritten PN-Übergang und den Kollektoranschluss bildet, dargestellt in Abbildung 2.10.

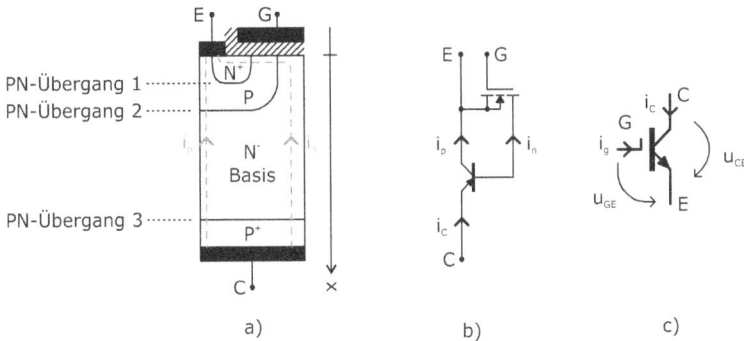

Abbildung 2.10: a) Halbleiterstruktur des (NPT-)IGBT, b) Ersatzschaltung aus einem N-Kanal-MOSFET und einem PNP-Transistor und c) in dieser Arbeit verwendetes Symbol für den IGBT

Im vertikalen Leistungs-MOSFET (N-channel enhancement) tragen nur die Elektronen (Mi-noritäten) zum Ladungstransport bei, in Abbildung 2.10 durch i_n gekennzeichnet. Der Strom-richtungspfeil ist dabei in technischer Stromrichtung eingetragen. Durch die eingebrachte P$^+$-Schicht wird das Bauelement um einen weiteren PN-Übergang erweitert (PN-Übergang 3 in Abbildung 2.10 a). Die PN-Übergänge 2 und 3 können als PNP-Bipolartransistor verstanden werden. Dessen Basis ist das weite N$^-$-Gebiet, das daher auch N$^-$-Basis genannt wird. Der PNP-Transistor wird durch den MOSFET angesteuert, vereinfacht dargestellt in Abbildung 2.10 b). Damit tragen auch Löcher zum Ladungstransport bei, in Abbildung 2.10 a) durch i_p gekennzeichnet. Aus der Struktur de Leistungshalbleiters ergibt sich, dass der IGBT ein dem Bipolartransistor ähnliches Ausgangskennlinienfeld (I_C/U_{CE}-Kennlinie) besitzt.

Einen guten Überblick über die Halbleitervorgänge im IGBT bieten [49] und [50], sowie etwas anwendungsorientierter [51]. Die internen Vorgänge des IGBT während des Ausschaltvorgangs sind in [52] verständlich und ausführlich erläutert.

2.3.1 Hartes Schalten

Einschaltvorgang

Ausgangssituation ist der abgeschaltete IGBT, der eine positive Spannung u_{CE} blockiert. Die Spannung u_{GE} zwischen Gate und Emitter ist negativ, typisch -15 V. Wird nun die Spannung u_{GE} erhöht, so beginnt sich im unter dem Gate liegenden P-Gebiet, ein leitfähiger Kanal zu bilden. Durch diesen können Elektronen vom Emitter über das N$^+$-Gebiet, in die N$^-$-Basis fließen. Damit sinkt das Potential der N^--Basis unter das der P^+-Schicht, der PN-Übergang 3 wird leitfähig und die Elektronen können über das P^+ Gebiet zum Kollektoranschluss fließen. Dieser Strom bildet in der vereinfachten Ersatzschaltung in Abbildung 2.10 b) den Basisstrom des PNP-Transistors. Dementsprechend wird der Bipolartransistor eingeschaltet und es fließen nun große Mengen freier Löcher vom P^+ Gebiet in die schwach dotierte N^--Basis. Dadurch wird die Elektronenstromdichte aus dem unter dem Emitter liegenden N^+-Gebiet erhöht, damit die Ladungsneutralität der Basis gewährleistet ist. Dieser Prozess wird Leitwertmodulation genannt.

Für das harte Schalten ist in Abbildung 2.11 a) die Kommutierungszelle, ein verbreitetes Modell zur Analyse von Schaltvorgängen, dargestellt. In Abbildung 2.11 b) sind die gemessenen Verläufe eines Ein- und eines Ausschaltvorganges eines $6{,}5\,kV/500\,A$ IGBTs abgebildet. Man erkennt den Einfluss der Kommutierungsinduktivität L_k als Spannungseinbruch während des Anstieges von i_C (bzw. beim Abschalten als Spannungsüberhöhung während des Abfalls von i_C). Weiter ist während des Einschaltvorgangs die Rückstromspitze der Inversdiode von IGBT 2 zu erkennen, die den Laststrom abkommutiert, nachdem i_C das Niveau des Laststroms I_L erreicht hat.

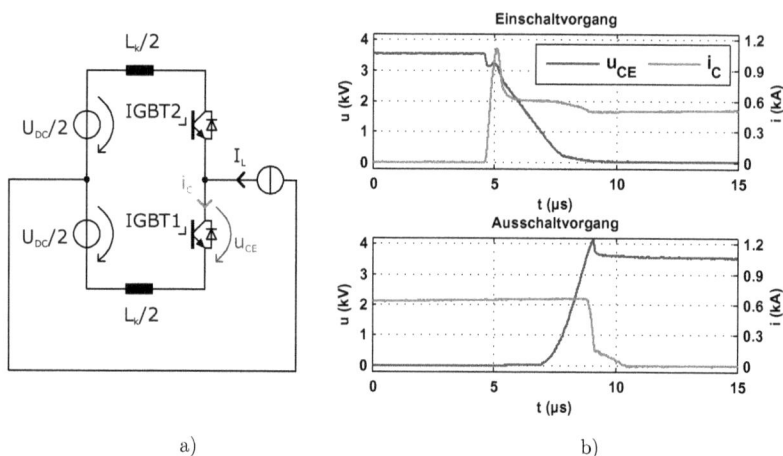

a)   b)

Abbildung 2.11: a) Kommutierungszelle [53] und b) gemessener Kommutierungsvorgang beim Ein- (oben) und Ausschalten (unten) eines $6{,}5\,kV/500\,A$ IGBTs

Ausschaltvorgang

Ausgangssituation ist der leitende IGBT, der einen positiven Kollektorstrom i_c führt. Die Gate-Emitter-Spannung u_{GE} ist positiv, typischerweise $15\,V$. Für das Abschaltverhalten sind die Verhältnisse in der N^--Basis entscheidend. Zu Beginn des Ausschaltvorganges ist diese mit Löchern und Elektronen (leitfähiges Plasma) überflutet, dargestellt in Abbildung 2.12 a).

Wird nun die Spannung u_{GE} verringert, so verkleinert sich der leitfähige Kanal im P-Gebiet unter dem Gate. Damit wird der Elektronenstrom, i_n in Abbildung 2.10, verringert. Beim harten Schalten, siehe Abbildung 2.11, muss der Kollektorstrom i_c dem Laststrom i_L entsprechen, so lange die Einschaltbedingung für die komplementäre Diode nicht erfüllt ist. Damit trotz verkleinertem oder vollständig abgeschnürtem Kanal im P-Gebiet unter dem Gate der volle Strom weiterfließen kann, baut sich eine Raumladungszone (RLZ) an PN-Übergang 2 auf. Die Differenz zwischen benötigtem und durch den Kanal nachgeliefertem Elektronenstrom wird aus der Grenzschicht zwischen Raumladungszone und Plasma gedeckt, siehe Abbildung 2.12 b). Dadurch ver-

13

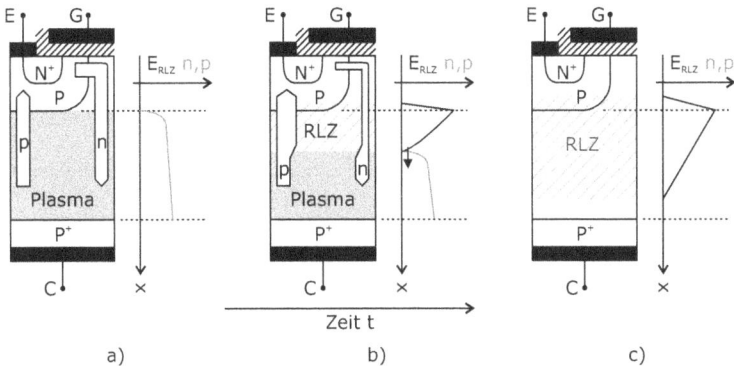

Abbildung 2.12: Darstellung des zeitlichen Verlaufs des Abschaltvorgangs des IGBTs [52], im a) leitenden Zustand, b) während des Ausschaltens und c) im Blockierzustand nach dem Abschalten

größert sich die Raumladungszone und der IGBT übernimmt eine Kollektor-Emitter-Spannung u_{CE}. Sobald diese Spannung die Zwischenkreisspannung U_{DC} etwas übersteigt, siehe Abbildung 2.11 b), wird die komplementäre Diode leitfähig und beginnt den Laststrom I_L entsprechend der Abschaltgeschwindigkeit des IGBT zu übernehmen.

In diesem Zustand hat die Raumladungszone ihre stationäre Weite erreicht, siehe Abbildung 2.12 c). Dabei hängt die Weite von der verwendeten Zwischenkreisspannung U_{DC} ab. Die verbleibenden Ladungsträger rekombinieren nun, was mehrere Mikrosekunden dauern kann und als sogenannter Schweifstrom (engl. tail current) sichtbar wird. Dieser Vorgang ist leicht in Abbildung 2.11 b) zu identifizieren, wenn bei ungefähr $t = 9\,\mu s$ die Abfallgeschwindigkeit des Kollektorstromes deutlich sinkt.

2.3.2   Weiches Schalten

Schaltet der IGBT zu einem Zeitpunkt ein oder aus, zu dem der Laststrom $i_L = 0\,A$ ist, so soll in dieser Arbeit von „weichem Schalten" gesprochen werden[2]. In Abbildung 2.13 sind, äquivalent zu Abbildung 2.11, eine Kommutierungszelle für weiches Schalten und je ein gemessener Ein- und Ausschaltvorgang dargestellt. In diesem Fall wird durch einen LC-Schwingkreis ein Strom von $i_L = 0\,A$ während des Schaltens erreicht.

Ausschaltvorgang

Im in Abbildung 2.13 b) dargestellten Fall fällt der Laststrom bei etwa $t = 5\,\mu s$ zu Null ab. Zu diesem Zeitpunkt wird der IGBT abgeschaltet, d.h. die Gatespannung u_{GE} auf einen Wert unterhalb der Schwellenspannung $u_{GE,th}$ verringert. Zwar wird damit der leitfähige Kanal unter dem Gate komplett abgeschnürt, die N⁻-Basis bleibt jedoch mit Ladungsträgern (Plasma) überschwemmt. Bei Hochspannungs-IGBTs können Rekombinationsvorgänge innerhalb der Basis in guter Näherung vernachlässigt werden, da die Ladungsträgerlebensdauer sehr hoch (z.B. mehrere $100\,\mu s$) ist. Man erkennt für $t \approx 5 \ldots 15\,\mu s$, dass der IGBT deshalb keine Spannung blockieren kann. Der Einfachheit halber wird in dieser Arbeit der IGBT in diesem Zustand als „abgeschaltet" bezeichnet, obwohl er noch leitfähig ist.

Erst wenn der komplementäre IGBT (IGBT2 in Abbildung 2.13 a) bei $t \approx 15\,\mu s$) einschaltet, fließt ein Kollektorstrom, durch den die N⁻-Basis ausgeräumt wird. Man erkennt den Aufbau

---

[2]Abhängig von der verwendeten Klassifikation können derartige Schaltvorgänge auch dem Nullstromschalten (ZCS – Zero Current Switching) zugeordnet werden, z.B. [54]

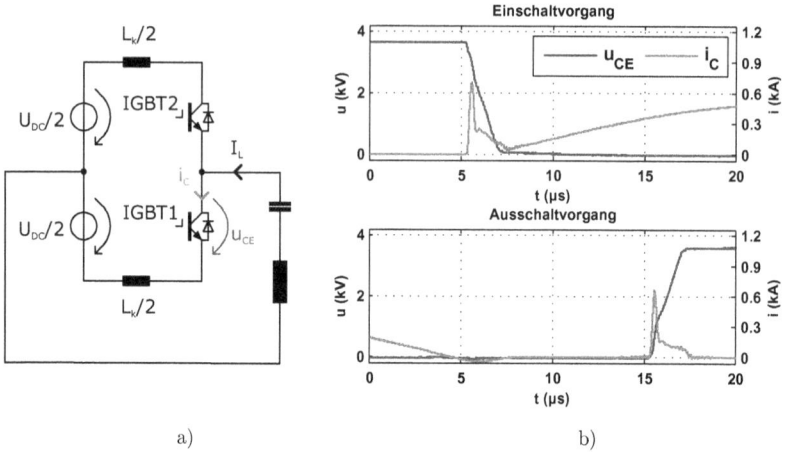

Abbildung 2.13: a) Vereinfachte resonante Kommutierungszelle für weiches Schalten und b) gemessener Schaltvorgang beim Ein- (oben) und Ausschalten (unten) eines 6,5 kV/500 A IGBTs

der Raumladungszone bei $t \approx 15 \dots 17\,\mu s$ als Anstieg der Kollektor-Emitter-Spannung u_{CE}, vgl. auch Abbildung 2.12.

Der während dieses Vorgangs fließende Strom soll im folgenden als Rekombinationsstrom bezeichnet werden, da dieser Strom Rekombinationsvorgänge im Randgebiet zwischen Raumladungszone und Plasma bewirkt. Alternative Bezeichnungen sind „Ausräumstrom" bzw. englisch „forward recovery current".

Einschaltvorgang

Im in Abbildung 2.13 b) oben dargestellten Fall ist zum Zeitpunkt des Einschaltens des IGBT bei $t \approx 5\,\mu s$ der Laststrom $i_L = 0\,A$. Der komplementäre IGBT2 ist zwar abgeschaltet, jedoch noch leitfähig. Beim Einschalten des IGBT1 fließt daher der Rekombinationsstrom von IGBT2. Die Stromanstiegsgeschwindigkeit hängt dabei von der Einschaltgeschwindigkeit des IGBT1 ab. Die Spannung wird hingegen dadurch beeinflusst, wie schnell sich im komplementären IGBT2 die Raumladungszone aufbaut. Der Einfluss der Kommutierungsinduktivität L_k auf den Verlauf von Kollektorstrom i_C und Kollektor-Emitter-Spannung u_{CE} kann im dargestellten Fall vernachlässigt werden.

2.3.3 IGBT Technologien

An dieser Stelle sollen einige wenige, für diese Arbeit relevante Technologien beschrieben werden, die in den letzten Jahren zu einer Weiterentwicklung des IGBTs führten. Detailliertere und umfangreichere Darstellungen können z.B. den Referenzen [49], [50], [51] entnommen werden.

Beim bisher beschriebenen IGBT handelt es sich um einen so genannten Non Punch Through (NPT) Typ. Charakteristisch für diesen IGBT ist das linear zum Kollektoranschluss hin abfallende elektrische Feld in der Raumladungszone.

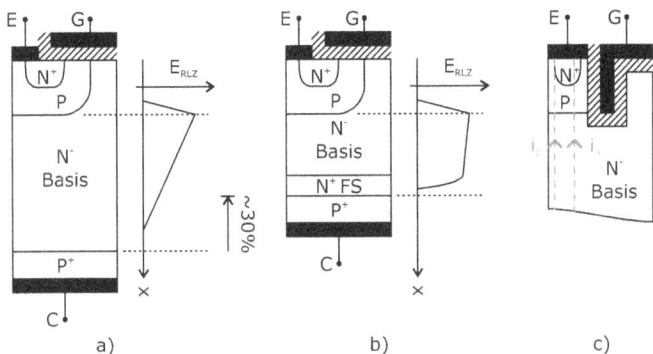

Abbildung 2.14: Schematische Darstellung verschiedener IGBT-Technologien; a) Non Punch Through (NPT) IGBT, b) Field-Stop (FS) IGBT und c) Trench-Gate Struktur

Field Stop

Eine Weiterentwicklung[3] des NPT-IGBT ist der Field Stop (FS) IGBT. Je nach Hersteller wird diese Technologie auch als Soft Punch Through (SPT) oder Light Punch Through (LPT) bezeichnet. Wie in Abbildung 2.14 b) dargestellt, ist zwischen die N^- Basis und die P^+ Schicht eine zusätzliche N^+ Zwischenschicht, die sogenannte Field-Stop (FS)-Schicht, eingefügt. Damit ergibt sich ein entsprechend veränderter, näherungsweise trapezförmiger Verlauf des elektrischen Feldes der Raumladungszone. Wie aus einem Vergleich von Abbildung 2.14 a) und b) ersichtlich ist, erreicht man ähnliche Sperrspannungen wie ein NPT-IGBT mit einer um etwa 30 % kürzeren N^--Basis [55]. Entsprechend dem beim FS-IGBT deutlich verkleinerten feldfreien Bereich der Basis müssen auch weniger Ladungsträger nach dem Aufbau der Raumladungszone rekombinieren. Damit ergibt sich ein deutlich kleinerer Schweifstrom als bei einem NPT-IGBT. Daneben wird bei einem FS-IGBT bereits früh während des Abschaltvorgangs der Elektronenstrom i_n komplett abgeschnürt (vgl. Abschnitt 2.3.2), was dazu führt, dass für hohe Abschaltgeschwindigkeiten (hoher Gate-Strom) beim harten Schalten der Abschaltvorgang nur noch bedingt über das Gate beeinflusst werden kann [52].

Trench Gate Struktur

In Abbildung 2.14 c) ist die Trench-Gate-Struktur dargestellt. Im Vergleich zu den bisher dargestellten planaren Gate-Strukturen wird nun der Kanal für den steuerbaren Elektronenstrom nicht horizontal, sondern vertikal gebildet. Damit können eine bessere Leitfähigkeitsmodulation im Bereich des Emitters und somit verringerte Leitverluste erreicht werden.

---

[3]Auf den Punch-Through (PT) IGBT, dessen Feldverlauf in der Raumladungszone dem des Field-Stop (FS) IGBT ähnlich ist, der jedoch zeitlich noch vor dem NPT-IGBT entwickelt wurde, soll an dieser Stelle nicht weiter eingegangen werden.

2.4 Ausgangspunkt und Ziele der Arbeit

Um Größe und Gewicht des Traktionssystems des geplanten Doppelstock-Triebwagens (siehe Einleitung) möglichst weit zu reduzieren, soll eine Topologie ohne 16,7 Hz Transformator eingesetzt werden. Gegenstand dieser Arbeit ist dabei die Topologie der kaskadierten Vierquadrantensteller mit Einzeltransformatoren, wie in Abbildung 2.4 dargestellt. Diese Topologie bietet gegenüber den anderen vorgestellten Lösungsansätzen einige Vorteile:

- Modularer Aufbau

- Einfache Realisierung der Redundanz, auch auf Transformatorebene

- Gesteuerter, d.h. ungeregelter, Betrieb des DC/DC-Konverters

- Sicherstellung der galvanischen Trennung zwischen Traktionsnetz und Zwischenkreis, Motorwechselrichter und Motor durch die Verwendung eines Mittelfrequenztransformators

Für den Einsatz im Doppelstock-Triebwagen wurde eine Mindestleistung[4] von 2,6 MW festgelegt, dazu kommen maximal etwa 400 kW Hilfsbetriebeleistung. Die Schaltfrequenz des DC/DC-Konverters soll mindestens 8 kHz betragen[5]. Dieser Punkt spielt für die spätere Akzeptanz der Topologie in der Anwendung in einem Doppelstock-Triebwagen, in dem Passagiere befördert werden, eine essentielle Rolle. Ebenso wichtig ist die Mehrsystemfähigkeit, da der grenzüberschreitende Verkehr auch im Regionalverkehr in einem geeinten Europa immer wichtiger wird.

Ziel der Arbeit ist es daher, für den Einsatz im DC/DC-Konverter in Frage kommende Leistungshalbleiter experimentell zu untersuchen. Auf Basis dieser Untersuchungen soll die Auswahl der Halbleiter, der Schaltungstopologien und -parameter erfolgen. Schließlich sollen Konzepte zur Realisierung der Mehrsystemfähigkeit vorgestellt werden. Ausgangspunkt sind dabei die in [23] dargestellten Erkenntnisse. Angrenzende Themengebiete wie die Auslegung des Mittelfrequenztransformators, die Steuerung und Regelung der netzseitigen kaskadierten Vierquadrantensteller oder die Ansteuerung der Halbleiter (Gate Drive Unit) sind nicht Bestandteil dieser Arbeit.

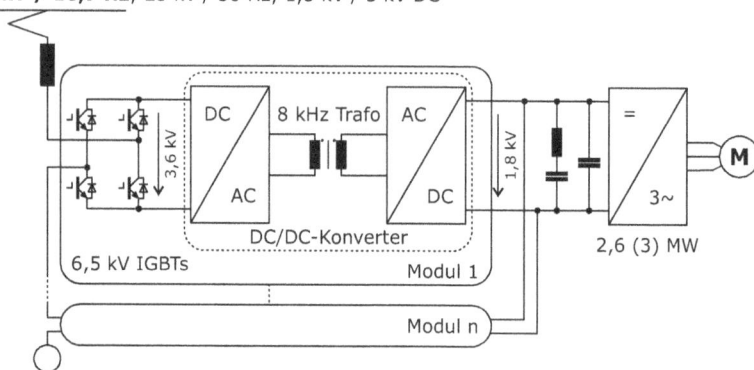

Abbildung 2.15: Schematische Darstellung der in dieser Arbeit betrachteten Topologie

---

[4]Gesamteingangsleistung der Motorwechselrichter eines Triebwagens
[5]Diese Frequenz wird als hoch genug eingeschätzt um mechanische Frequenzen, die mit der doppelten Schaltfrequenz auftreten, mit vertretbarem Aufwand zu dämpfen.

Kapitel 3

Untersuchung des DC/DC-Konverters und der Leistungshalbleiter

In diesem Kapitel wird zunächst der zu untersuchende Serienresonanzkonverter vorgestellt. Weiter folgt eine Beschreibung des verwendeten Teststandes und der Messmethoden, mit denen die Leistungshalbleiter in dieser Arbeit untersucht wurden. Die prinzipiellen Ergebnisse der mit dem Teststand durchgeführten Untersuchungen, d.h. der Einfluss der Resonanzfrequenz, der Hauptfeldinduktivität, der Bestrahlung der Leistungshalbleiter und des Ausschaltzeitpunktes auf die Halbleiterverluste werden vorgestellt. Neben diesen bekannten Schaltungsparametern, welche die Halbleiterverluste beeinflussen, wird am Ende des Kapitels mit der FES ("Forced Evacuation Switch") eine Möglichkeit der Verlustreduktion beschrieben, die im Rahmen dieser Arbeit erfunden und untersucht wurde.

3.1 Serienresonanzkonverter

Der Serienresonanzkonverter (SRC) ist eine wesentliche Komponente der MF-Topologie, deren Aufgabe die galvanische Trennung der Primär- von der Sekundärseite der MF-Module ist. So können diese primärseitig in Reihe und sekundärseitig parallel geschaltet werden. Die Grundschaltung des SRC, bei der die Streuinduktivität des Transformators $L_{\sigma,\text{trafo}}$ gemeinsam mit den Resonanzkondensatoren C_{resp} und C_{ress} den Resonanzkreis bilden, ist in Abbildung 3.1 dargestellt.

Der SRC wird mit fester Schaltfrequenz und festem Tastverhältnis betrieben, d.h. die IGBTs werden zu Zeitpunkten ein- und ausgeschaltet, die nicht durch eine übergeordnete Regelung be-

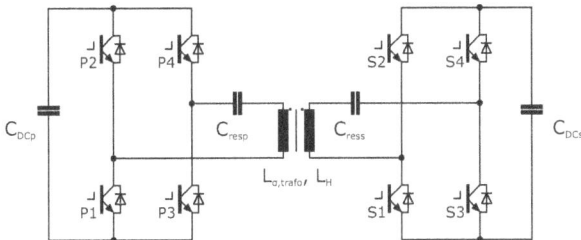

Abbildung 3.1: Grundschaltung des Serienresonzkonverters, bei der die Streuinduktivität des Transformators mit den Kondensatoren C_{resp} und C_{ress} den Resonanzkreis bildet

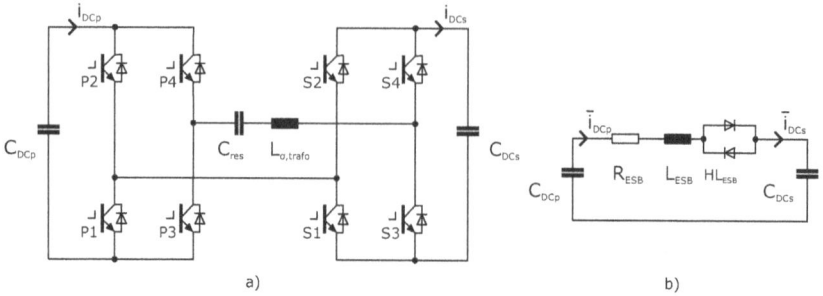

a)   b)

Abbildung 3.2: a) Vereinfachtes Schaltbild unter Vernachlässigung der Hauptfeldinduktivität des Transformators, b) Ersatzschaltbild zur Beschreibung des Verhaltens des Serienresonanzkonverters für Zeitkonstanten größer als die Periodendauer der Schaltfrequenz

einflusst werden. Diese einfach zu realisierende, ungeregelte Betriebsweise wird bereits in [24] beschrieben. In Abbildung 3.2 ist unter a) ein vereinfachtes Ersatzschaltbild dargestellt, bei dem die Hauptfeldinduktivität des Transformators vernachlässigt wurde. Das unter b) dargestellte Ersatzschaltbild bildet das Verhalten des ungeregelten SRC für Zeitkonstanten $\tau > \frac{1}{f_s}$ (f_s ...Schaltfrequenz des SRC) nach. Dabei entsprechen die Ströme $\bar{i}_{DCp}$ und $\bar{i}_{DCs}$ den über eine Schaltperiode gemittelten Strömen i_{DCp} und i_{DCs}, d.h. es fehlen schaltfrequente Anteile.

In [24] wird bereits ein ähnliches, einfacheres Ersatzschaltbild vorgestellt, das jedoch den Einfluss der Halbleiter vernachlässigt und nur für den Spezialfall, dass die Schalt- der Resonanzfrequenz entspricht, gültig ist. Eine Herleitung der Werte der Ersatzelemente findet sich z.b. in [23] und [25]. Eine Gegenüberstellung der verschiedenen Ersatzschaltungen und ein Vergleich mit experimentellen Ergebnissen, bei der die Notwendigkeit der Berücksichtigung der Halbleiter ersichtlich wird, ist in [56] veröffentlicht.

Neben der in Abbildung 3.1 gezeigten Vollbrückenkonfiguration des SRC existieren weitere Varianten, wie z.B. die in Abbildung 3.3 dargestellten Halbbrückenkonfigurationen, deren Verhalten sich auch mit dem in Abbildung 3.2 b) gezeigten Ersatzschaltbild modellieren lassen. Weitere Varianten oder Erweiterungen, in denen z.B. die geteilten Resonanzkondensatoren gleichzeitig die Funktion des Zwischenkreiskondensators übernehmen [57], sind möglich.

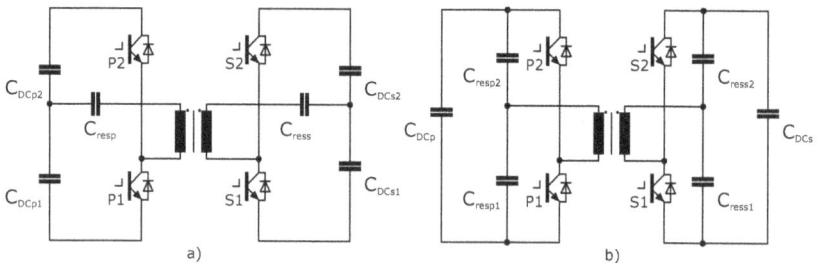

a)   b)

Abbildung 3.3: Serienresonanzkonverter in Halbbrückenkonfiguration, dabei mit a) geteiltem DC-Zwischenkreis und b) mit geteilten Resonanzkondensatoren

19

3.2 Teststand für den quasi-stationären Betrieb

Alle Messungen zur Bestimmung der Leistungshalbleiterverluste und -eigenschaften wurden an dem in Abbildung 3.4 a) dargestellten Teststand durchgeführt.

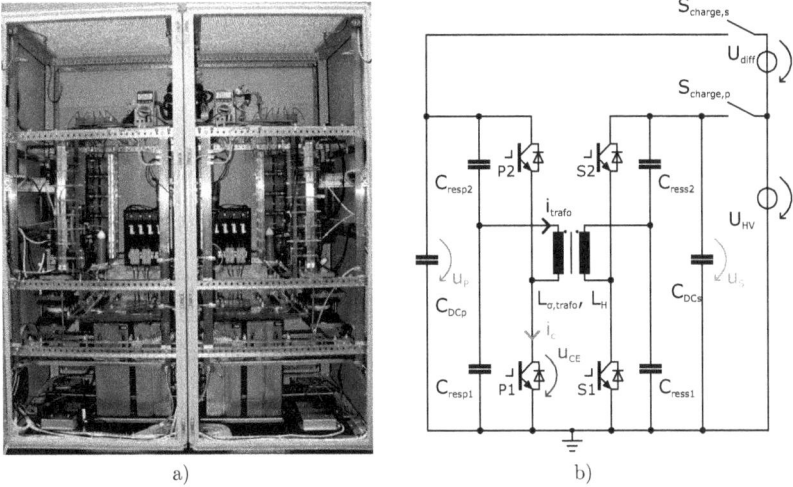

a)   b)

Abbildung 3.4: a) Photographie des Teststandes, b) Schaltung inklusive Kondensatorladegeräte für den quasi-stationären Betrieb

3.2.1 Parameter des Teststandes

Um die IGBTs im Serienresonanzkonverter in einem weiten Betriebsbreich untersuchen zu können, lassen sich viele Parameter des Teststandes verändern, in Tabelle 3.1 dargestellt. Bei veränderlichen Parametern ist der Nominalwert als Referenzparameter zu verstehen. Die Bezeichnungen beziehen sich dabei auf Abbildung 3.4 b).

Tabelle 3.1: Parameter des Teststandes

Bezeichner	Nominalwert	Wertebereich
u_P, u_S (U_{HV}, $U_{HV} + U_{diff}$,)	3,6 kV, 1,8 kV	0,9 ... 4,5 kV
$I_{C,P1,max}$	500 A, 1000 A	0 ... 2000 A
$C_{resp1} = C_{resp2} = C_{resp}$, $C_{ress1} = C_{ress2} = C_{ress}$	25 µF	12,5 µF, 25 µF, 37,5 µF
Transformator, $L_{\sigma,trafo}$	8,5 µH	
Transformator, L_H	12 mH	0,4 ... 12 mH
C_{DCp}, C_{DCs}	1 mF	
Sperrschichttemperatur T_j	125 °C	25 ... 125 °C

Das Übersetzungsverhältnis des Transformators ist 1:1. Eine zusätzliche Hilfswicklung mit Übersetzungsverhältnis 10:1 steht zur Verfügung. Die Streuinduktivität des Transformators ist bei kurzgeschlossener Sekundär- auf der Primärseite gemessen.

Als IGBT-Ansteuereinheiten werden Module der Firma Floeth Electronic [62] eingesetzt. Es werden jeweils die in den Datenblättern der IGBTs vorgegebenen Ein- und Ausschaltwiderstände verwendet.

Die im Teststand untersuchten IGBT-Typen sind dabei:

- 6,5 kV: Infineon FZ500R65KE3, Hitachi MBN500H65E2 sowie zwei verschieden stark bestrahlte 6,5 kV/500 A Typen

- 3,3 kV: Infineon FZ1000R33HE3, Dynex DIM800XSM33, Mitsubishi CM1000HC-66R, Hitachi MBN800E33D sowie ein IGBT-Modul mit für die MF-Topologie optimierter Inversdiode

3.2.2 Betriebsweise

In Abbildung 3.4 b) ist die Schaltung des Serienresonanzkonverters im Teststand dargestellt. Es handelt sich hier um eine Halbbrückenkonfiguration mit geteilten Resonanzkondensatoren. Der Teststand wird mit festem Pulsmuster betrieben, dargestellt in Abbildung 3.5. Dabei werden die IGBTs P1 und S1 für eine Zeit T_{ED} (Einschaltdauer) eingeschaltet. Diese Zeit entspricht prinzipiell der Zeit $T_{res}/2$, also der halben Resonanzperiode. Die Resonanzfrequenz $f_{res} = 1/T_{res}$ wird von der Streuinduktivität des Transformators $L_{\sigma,\text{trafo}}$ und den Resonanzkondensatoren C_{resp1}, C_{resp2}, C_{ress1} und C_{ress2} bestimmt

$$f_{\text{res}} = \frac{1}{2\pi\sqrt{L_{\sigma,\text{trafo}}\,C_{\text{res}}}}, \qquad (3.1)$$

mit $1/C_{\text{res}} = 1/(C_{\text{resp1}} + C_{\text{resp2}}) + 1/(C_{\text{ress1}} + C_{\text{ress2}})$, wenn die vereinfachende Annahme eines ungedämpften Schwingkreises vorausgesetzt wird. Nach Abschalten der IGBTs P1 und S1 werden nach einer Wechselrichtersperrzeit T_{WS} die IGBTs P2 und S2 eingeschaltet. Die Schaltfrequenz ist damit über

$$\frac{T_S}{2} = T_{ED} + T_{WS} = \frac{1}{2f_S} \qquad (3.2)$$

bestimmt.

Um mit möglichst geringem Aufwand an Netzgeräten einen weiten Leistungsbereich des Konverters untersuchen zu können, wird der SRC im sogenannten „quasi-stationären" Modus betrieben. Diese Betriebsart des SRC wurde erstmalig in [56] zur Untersuchung der Leistungshalbleiter vorgestellt. Dabei wird von dem in Abschnitt 3.1 beschriebenen Verhalten des SRC, entsprechend Abbildung 3.2 b), Gebrauch gemacht.

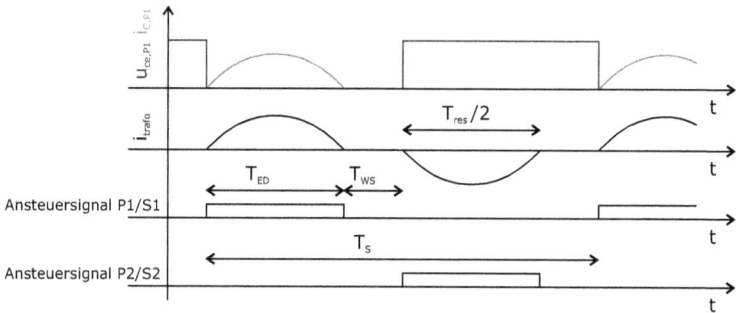

Abbildung 3.5: Graphische Darstellung der Definiton der Resonanzperiodendauer T_{res}, der Schaltperiodendauer T_S, der Einschaltzeit T_{ED} und der sich daraus ergebenden Wechselrichtersperrzeit T_{WS}

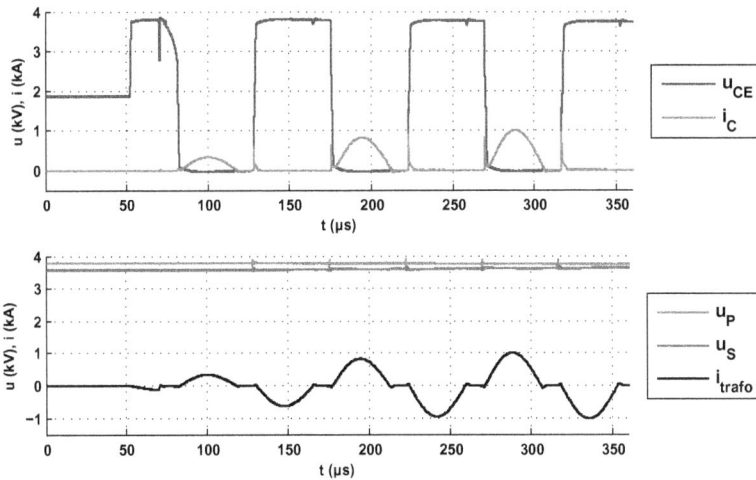

Abbildung 3.6: Strom- und Spannungsverläufe des SRC im quasi-stationären Betrieb, Messungen an einem 6,5 kV IGBT bei $U_{CE} = 3{,}6\,\text{kV}/I_{C,P1,max} = 1000\,\text{A}$, $T_j = 25°\,\text{C}$

Zu Beginn der Versuchsdurchführung werden die beiden Zwischenkreiskondensatoren C_{DCp} und C_{DCs} über Kondensatorladegeräte auf die Spannungen $u_P = U_{HV} + U_{diff}$ und $u_S = U_{HV}$ geladen. Danach werden die Ladegeräte von der Versuchsschaltung getrennt und der SRC wird aktiviert. Entsprechend Abbildung 3.2 b) findet ein Ausgleichsvorgang statt, beispielhaft dargestellt in Abbildung 3.6. Hier wird der Puls zwischen $t = 250\,\mu\text{s}$ und $t = 350\,\mu\text{s}$ als Testpuls gewählt, für den in IGBT P1 über eine Messung der Spannungen und Ströme die Verlustleistung bzw. -energie bestimmt wird. Dieser Puls wird deshalb ausgewählt, da die Höhe des Stromes des vorhergehenden Pulses (IGBT P2 eingeschaltet) eine vergleichbar große, maximal 10 % kleinere Amplitude hat. Damit wird das Verhalten eines stationären Arbeitspunktes im Dauerbetrieb, in dem alle Strompulse ähnliche Amplitude aufweisen, nachgebildet.

Die Amplitude des Messpulses kann durch die Differenzspannung U_{diff} (siehe Abbildung 3.4 b)) eingestellt werden, was mit einem Blick auf Abbildung 3.2 b) leicht ersichtlich wird. In [56] ist dieser Vorgang genauer beschrieben.

Durch diese Betriebsweise können, ohne Zusatzaufwand an Netzgeräten, Strom und Spannung im DC/DC-Konverter über einen weiten Bereich leicht angepasst werden. Dies ist bei anderen in der Literatur beschriebenen Messaufbauten, wie [29] oder [34], nicht ohne weiteres möglich.

3.2.3 Gemessene Größen

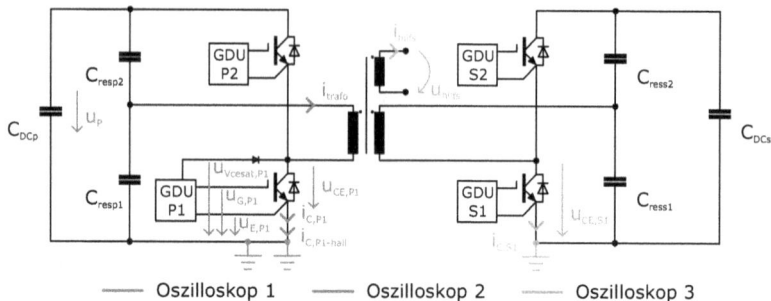

— Oszilloskop 1 — Oszilloskop 2 ···· Oszilloskop 3

Abbildung 3.7: Darstellung der im SRC gemessenen Größen

In Abbildung 3.7 sind die gemessenen Größen in das Schaltbild des SRC, wie er im Teststand aufgebaut ist, eingezeichnet. Alle Messungen werden mit *LeCroy WaveRunner 44Xi-A* Oszilloskopen durchgeführt [58], die über 15 kV Trenntransformatoren versorgt werden. Das Potential der Oszilloskope ist dabei auf die in Abbildung 3.7 gekennzeichneten Punkte gelegt. Die Zuordnung zu den einzelnen Kanälen und Messmitteln ist in Tabelle 3.2 angegeben.

Tabelle 3.2: Zuordnung der Messgrößen zu Messgeräten und
Oszilloskop-Kanälen

$i_{C,P1}$	PEM CWT15LF Rogowskispule, 3 kA	Oszilloskop 1, Kanal 1
$u_{CE,P1}$	LeCroy PPE 20 kV Hochpannungstastkopf 1000:1	Oszilloskop 1, Kanal 2
u_P	LeCroy PPE 20 kV Hochpannungstastkopf 1000:1	Oszilloskop 1, Kanal 3
$u_{G,P1}$	Testec TT-HV 250, 2,5 kV, 100:1	Oszilloskop 1, Kanal 4
$i_{C,P1\text{-hall}}$	Allegro ACS758, 200 A	Oszilloskop 2, Kanal 1
$u_{Vcesat,P1}$	Testec TT-HV 250, 2,5 kV, 100:1	Oszilloskop 2, Kanal 2
$u_{E,P1}$	Testec TT-HV 250, 2,5 kV, 100:1	Oszilloskop 2, Kanal 3
i_{trafo}	PEM CWT15 Rogowskispule, 3 kA	Oszilloskop 2, Kanal 4
$u_{CE,S1}$	LeCroy PPE 20 kV Hochpannungstastkopf 1000:1	Oszilloskop 3, Kanal 1
i_{hilfs}	PEM CWT15 Rogowskispule, 3 kA	Oszilloskop 3, Kanal 2
u_{hilfs}	Testec TT-SI 9002, 1:200	Oszilloskop 3, Kanal 3
$i_{C,S1}$	PEM CWT15 Rogowskispule, 3 kA	Oszilloskop 3, Kanal 4

3.2.4 Messung der Kollektor-Emitterspannung

Im Gegensatz zum harten Schalten kann im resonanten Betrieb die Messung der Verluste während der Leitphase (Durchlassbereich) nicht von den Messungen der Schaltverluste entkoppelt werden. Daher müssen sowohl die hohen Spannungen während der Schaltvorgänge als auch die niedrige Spannung während der Leitphase des Stromes mit hoher Genauigkeit gemessen werden. In Abbildung 3.8 ist die Schaltung dargestellt, mit der Kollektorspannungen $\leq 65\,\mathrm{V}$ gemessen werden. Mit dieser Schaltung kann auch eine weit verbreitete Methode der Kurzschlusserkennung, die so genannte $V_{CE,sat}$-Überwachung[1], realisiert werden.

Ist die Kollektor-Emitterspannung unter etwa 65 V gefallen, beginnen die Dioden zu leiten. Die Spannung am Messpunkt folgt nun der Kollektor-Emitterspannung. Sie muss jedoch korrigiert werden, da der Spannungsabfall über den Dioden und dem Schutzwiderstand mitgemessen wird. Die Korrekturkurve wurde statisch aufgenommen. Trotzdem bilden die Messungen mit dieser Schaltung die tatsächliche Kollektor-Emitterspannung gut nach.

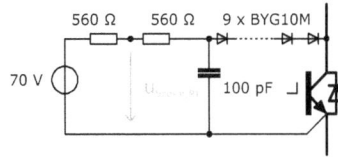

Abbildung 3.8: Schaltung zur Messung der Kollektorspannung während der Leitphase

Zur Überprüfung der Messgenauigkeit wurde zu IGBT P1 (siehe Abbildung 3.7) ein weiterer IGBT gleichen Typs in Serie geschaltet, der ständig eingeschaltet bleibt, dargestellt in Abbildung 3.9 a). Damit fallen an diesem IGBT nur geringe Spannungen ab, was den Einsatz eines 1:20, 25 MHz Niederspannungs-Differenztastkopfes zur Messung der Spannung $u_{kontroll}$ erlaubt. In Abbildung 3.9 b) sind die Messergebnisse einer Messung mit einem Infineon 6,5 kV IGBT (FZ500R65KE3) dargestellt. Orange ist die tatsächlich gemessene Spannung $u_{Vcesat,P1}$ und blau die daraus errechnete Spannung $u_{ce,P1}$ dargestellt. Man erkennt eine sehr gute Übereinstimmung zwischen $u_{ce,P1}$ und $u_{kontroll}$ im Duchlassbereich ($30\,\mu s < t < 60\,\mu s$). Die Abweichungen davor und danach erklären sich durch die Schaltvorgänge von IGBT P1.

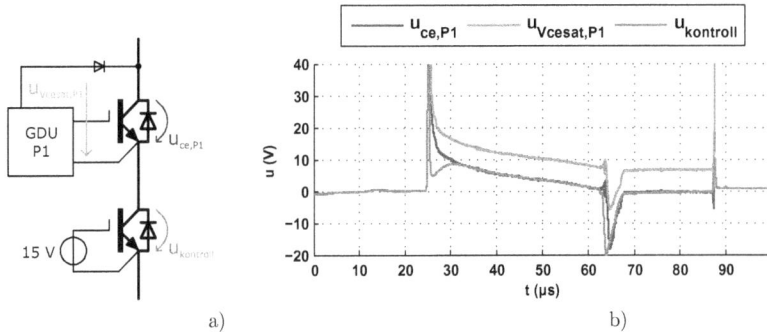

a)   b)

Abbildung 3.9: a) Messaufbau und b) Verläufe der Kontrollmessung zur Validierung der Messung von $u_{ce,P1}$ im Durchlassbereich (gemessen mit Infineon FZ500R65KE3, bei $U_{CE} = 500\,\mathrm{V}$, $I_{C,P1,max} = 300\,A$, $T_j = 25°\,C$)

---

[1]Durch den im Kurzschlussfall sehr hohen auftretenden Kollektorstrom entsättigt der IGBT, d.h. er wird im aktiven Bereich betrieben. Dadurch steigt die Kollektor-Emitterspannung stark an (im Extremfall auf das Niveau der Zwischenkreisspannung), was leicht mit der dargestellten $V_{CE,sat}$-Überwachungs-Schaltung erkannt werden kann. Eine ausführliche Erklärung ist z.B. in [51] zu finden.

3.2.5 Messung des Kollektorstromes

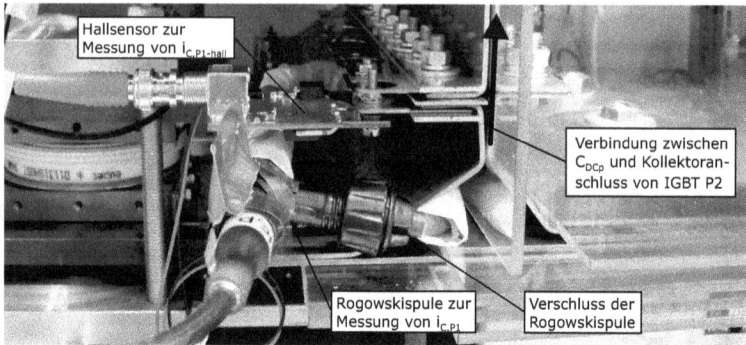

Abbildung 3.10: Räumliche Anordnung der Rogowskispule und der Hallsonde zur Messung des Stromes $i_{C,P1}$

Zur korrekten Bestimmung der Halbleiterverluste müssen die Kollektorströme im Bereich mehrerer Kiloampere während der Leitphase, als auch weniger Ampere während und nach dem Ausschaltvorgang, gemessen werden. Die Messung des Kollektorstromes wird mit einer Rogowskispule durchgeführt, siehe Tabelle 3.2. Durch das Prinzip der Bestimmung des Stromes aus den in einer Messspule induzierten Spannungen, ausführlich in [59] erläutert, ergeben sich zwei fundamentale Herausforderungen bei der Messung von Strömen mit einer Rogowskispule:

- Es können keine Gleichanteile gemessen werden und

- benachbarte Leiter können Felder einkoppeln.

Daneben können kapazitive Einkopplungen, vor allem im Bereich des Verschlusses, die Messung verfälschen [60]. Deshalb wurde die Rogowskispule zum einen mit einer geerdeten Kupferfolie kapazitiv geschirmt, zum anderen wird der Strom am Emitter des IGBTs P1 gemessen, der im Gegensatz zum Kollektoranschluss auf konstantem Potential liegt.

Die räumliche Anordnung der Rogowskispule ist in Abbildung 3.10 dargestellt. Man erkennt die räumliche Nähe zur Verbindung C_{DCp}–Kollektoranschluss IGBT P2 (vgl. auch Abbildung 3.4 b)). Durch die Anordnung der Rogowskispulenfläche horizontal (bezogen auf die von der Spule umfasste Fläche) zu diesem Leiter wird in der Messspule eine kleine Spannung induziert, wenn Strom durch IGBT P2 fließt. Dieser Effekt ließe sich durch eine vertikale Anordnung der Rogowskispulenfläche vermeiden, allerdings ist deren Anordnung hier durch die mechanischen Dimensionen der Verplattung vorgegeben. Daher bleibt nur die experimentelle Bestimmung der Höhe der Einkopplung und eine spätere Korrektur der Messungen.

Zur Bestimmung des qualitativen Verlaufs und der Höhe des Gleichanteils des Stromes $i_{C,P1}$ wird zusätzlich zur Rogowskispule ein integrierter Stromsensor auf Basis des Hallprinzips genutzt. Hier wird der IC Typ *ACS758 ECB-200B* der Firma Allegro eingesetzt [61], der eigentlich nur Ströme im Bereich $-200\ldots200\,\mathrm{A}$ messen kann, durch kurzzeitige höhere Ströme jedoch nicht zerstört wird. In Abbildung 3.11 ist für eine Messreihe (100 A, 200 A, 350 A und 500 A) jeweils ein Detailausschnitt der Messung des Stromes $i_{C,P1}$ (mit Rogowskispule gemessen), des Stromes $i_{C,P1\text{-hall}}$ (mit dem Hallsensor gemessen) und des Stromes durch den Transformator i_{trafo} dargestellt. Obwohl die Messungen > 200 A des Hallsensors als nicht mehr zuverlässig gelten können, wird deutlich, dass bei der Messung des Stromes $i_{C,P1}$ zwischen etwa 70 μs und 120 μs

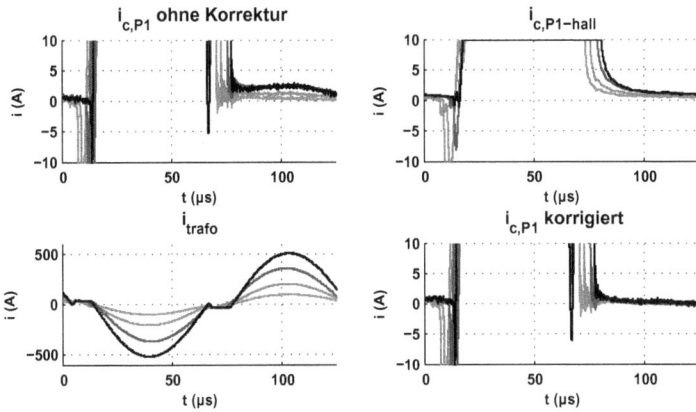

Abbildung 3.11: Messreihe (100 A (rot), 200 A (grün), 350 A (blau) und 500 A (schwarz)) zur Bestimmung der Einkopplung in die Messung von $i_{C,P1}$

in die Rogowskispule ein Störfeld eingekoppelt wird: Eine Änderung des Stromes wird mit der Rogowskispule gemessen, mit dem Hallsensor nicht.

Über einen Vergleich des gemessenen Stromes $i_{C,P1}$ mit dem Transformatorstrom i_{trafo}, der während IGBT P1 sperrt durch IGBT P2 fließt, kann die Höhe der Einkopplung zu etwa 3 ‰ des Stromes durch IGBT P2 abgeschätzt werden. Rechnet man diese Einkopplung heraus und korrigiert den Gleichanteil über einen Vergleich mit $i_{C,P1\text{-hall}}$, erhält man den in Abbildung 3.11, rechts unten, dargestellten Verlauf. Alle im Folgenden untersuchten und dargestellten Verläufe $i_{C,P1}$ sind auf diese Weise korrigiert.

3.3 Vergleich verschiedener IGBTs und Betriebsarten

3.3.1 Prinzipieller Verlauf von Strom und Spannung der Halbleiter im Serienresonanzkonverter

In Abbildung 3.12 sind Kollektorstrom- $i_{C,P1}$ und Kollektor-Emitter-Spannungsverläufe $u_{CE,P1}$ für einen maximalen Resonanzstrom von 1000 A bzw. -1000 A dargestellt, beispielhaft für den Infineon FZ1000R33HE3, einen 3,3 kV / 1000 A IGBT. Dabei ist die Energieflussrichtung auf der linken Seite von der Primär- zur Sekundärseite (Wechselrichterbetrieb), rechts von der Sekundär- zur Primärseite (Gleichrichterbetrieb). Im Wechselrichterbetrieb leitet dabei der IGBT in Modul P1 den Strom, im Betrieb als Gleichrichter die Inversdiode von P1.

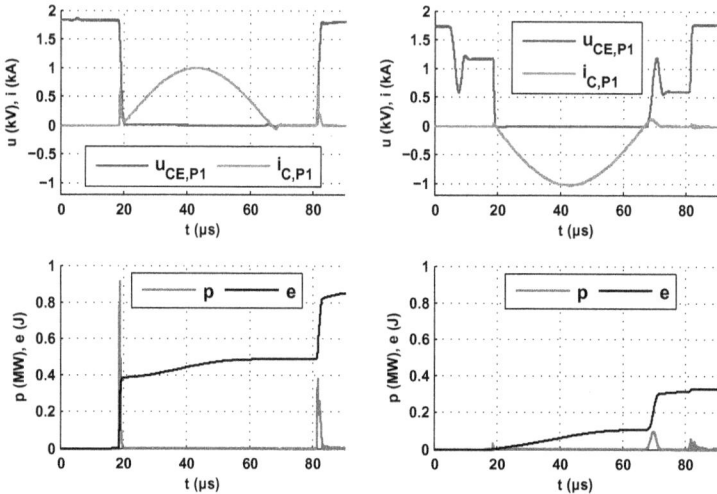

Abbildung 3.12: Verlauf von Kollektor-Emitterspannung $u_{CE,P1}$ und Kollektorstrom $i_{C,P1}$ des IGBT P1 im Serienresonanzkonverter für beide Energieflussrichtungen sowie daraus berechnete Momentanverlustleistung p und die über Integration von p bestimmte Verlustenergie e (Infineon FZ1000R33HE3/$T_j = 125\,°C/U_{CE} = 1,8\,kV/I_{C,P1,max} = \pm1000\,A/C_{resp} = 25\,\mu F/C_{ress} = 25\,\mu F/T_{ED} = 46\,\mu s/L_H = 12\,mH$)

Durch Multiplikation von Strom und Spannung kann die momentane Verlustleistung p berechnet werden, über Integration erhält man die Verlustenergie

$$e = \int_0^t p(\tau)\,\mathrm{d}\tau = \int_0^t u_{CE,P1}(\tau) i_{C,P1}(\tau)\,\mathrm{d}\tau. \tag{3.3}$$

Dabei ist $E = e(T_s)$, $T_s = \frac{1}{f_s}$ die Verlustenergie pro Periode, also die Energie die im Betrieb pro Schaltperiode in den Halbleitern des Moduls P1 in Wärme umgesetzt wird. Für beide Energieflussrichtungen sind Momentanleistung p und Verlustenergie e dargestellt; leitet der IGBT ist $E \approx 860\,mJ$, leitet die Diode ist $E \approx 330\,mJ$.

Wie in Abschnitt 2.3.2 beschrieben, fließt jeweils beim Einschalten eines IGBT ein Rekombinationsstrom. Durch diesen Strom wird die in der N⁻-Basis des jeweils komplementären IGBTs nach dem Abschalten verbliebene Speicherladung ausgeräumt. In Abbildung 3.12 ist dieser Rekombinationsstrom erkennbar bei $t \approx 19\,\mu s$, wenn IGBT P1 einschaltet, und bei $t \approx 81\,\mu s$, wenn der komplementäre IGBT (P2) einschaltet.

Während der Rekombinationsstrom fließt, treten hohe Verluste auf, da in dieser Zeit über der Serienschaltung der beiden IGBTs P1 und P2 die volle Zwischenkreisspannung anliegt. Unterschiede in der Höhe der beiden Verlustleistungsspitzen werden hauptsächlich durch den Verlauf von $u_{CE,P1}$ während des Einschaltvorgangs von IGBT P1 bzw. P2 bestimmt. Durch eine Änderung der Abfallgeschwindigkeit der Kollektor-Emitter-Spannung während der jeweiligen Einschaltvorgänge kann das Verhältnis verändert, die Verlustenergie insgesamt jedoch nicht gesenkt werden. Den gleichen Effekt einer Verlagerung der Verluste hat eine Änderung der Kommutierungsinduktivität L_k im Kommutierungskreis. Um eine Reduktion der IGBT-Verluste zu erreichen, muss daher die Speicherladung in der N^--Basis des IGBTs nach dem Ausschalten, bevor der komplementäre IGBT eingeschaltet wird, reduziert werden.

Die Diode schaltet dagegen – wie beim harten Schalten – näherungsweise verlustlos ein. Die Verlustenergie wird beim Ausschalten durch den Reverse Recovery Vorgang bestimmt. Bis zum Einschalten der komplementären IGBTs P2/S2 bei $t \approx 81\,\mu s$ sperrt die Diode eine durch die äußere Beschaltung vorgegebene Spannung, d.h. die Spannung, die über Kondensator C_{resp1} abfällt. Damit die Diode die volle Zwischenkreisspannung sperren kann, muss ein kleiner Strom in Sperrrichtung[2] fließen, der geringe Zusatzverluste verursacht.

Ändert man die Resonanzfrequenz und entsprechend die Einschaltdauer T_{ED}, wie in Abbildung 3.13 gezeigt, erkennt man direkt, dass die Reverse Recovery Verluste der Diode von der Änderungsgeschwindigkeit des Stromes $di_{C,P1}/dt$ abhängig sind. Damit steigen die Diodenver-

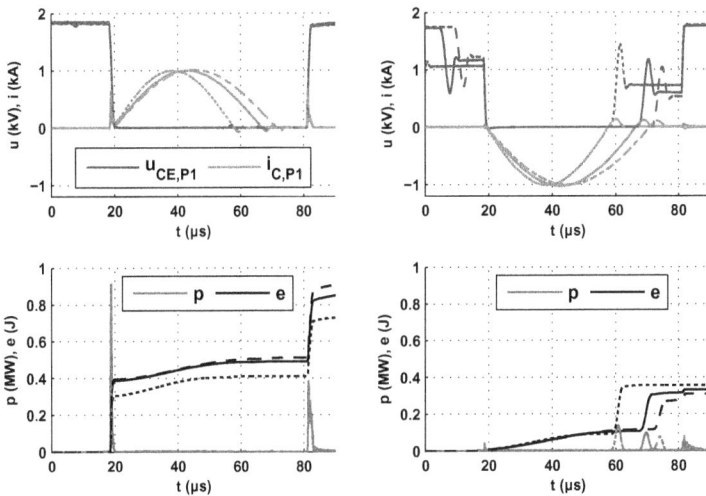

Abbildung 3.13: Strom- $i_{C,P1}$ und Spannungsverläufe $u_{CE,P1}$ sowie daraus berechnet p und e für verschiedene Resonanzfrequenzen, gepunktet: (Infineon FZ1000R33HE3/$T_j = 125\,°C/U_{CE} = 1,8\,kV/I_{C,P1,max} = \pm 1\,kA/C_{resp} = 25\,\mu F/C_{ress} = 12,5\,\mu F/T_{ED} = 37\,\mu s/L_H = 12\,mH$), durchgezogen: (Infineon FZ1000R33HE3/$T_j = 125\,°C/U_{CE} = 1,8\,kV/I_{C,P1,max} = \pm 1\,kA/C_{resp} = 25\,\mu F/C_{ress} = 25\,\mu F/T_{ED} = 46\,\mu s/L_H = 12\,mH$), gestrichelt: (Infineon FZ1000R33HE3/$T_j = 125\,°C/U_{CE} = 1,8\,kV/I_{C,P1,max} = \pm 1000\,A/C_{resp} = 25\,\mu F/C_{ress} = 37,5\,\mu F/T_{ED} = 50\,\mu s/L_H = 12\,mH$)

---

[2]Damit sich, ähnlich wie beim IGBT, die Raumladungszone über die Spannung abfällt, vergrößern kann

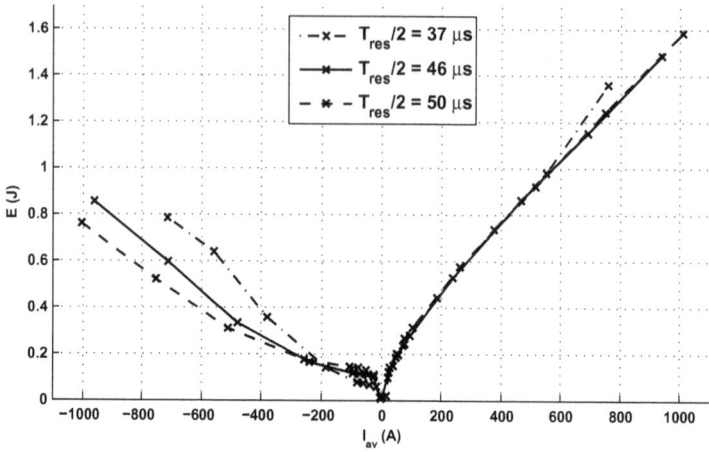

Abbildung 3.14: Verlustenergie E mittlerem Strom I_{av} für verschiedene Resonanzfrequenzen (Infineon FZ1000R33HE3/T_j = 125 °C/U_{CE} = 1,8 kV/$I_{C,P1,max}$ = $-2\dots2$ kA/C_{resp} = 25 µF/C_{ress} = 12,5/25/37,5 µF/T_{ED} = 37/46/50 µs/L_H = 12 mH)

luste mit steigender Resonanzfrequenz geringfügig. Die IGBT-Verluste sinken dagegen mit steigender Resonanzfrequenz.

In Abbildung 3.14 sind IGBT- und Diodenverluste in ein gemeinsames Diagramm eingetragen. Diese Darstellung wird gewählt, da zum einen der Verlauf der Verlustenergie eines Moduls, bestehend aus IGBT und Inversdiode, auf einen Blick erfasst werden kann. Zum anderen ist für sehr kleine Ströme keine eindeutige Unterscheidung zwischen IGBT- und Diodenverlusten möglich.

Die Verlustenergie pro Schaltperiode E ist dabei über dem mittleren Strom durch den DC/DC-Konverter

$$I_{av} = \frac{2}{T_s} \int_0^{T_{ED}} \left(\frac{1}{2} (i_{C,P1} - i_{C,S1}) \right) dt \qquad (3.4)$$

aufgetragen. Unter der Voraussetzung, dass der Resonanzstrom sinusförmig und $T_{ED} = T_{res}/2$ ist, kann (3.4) zu

$$I_{av} = \frac{2 T_{ED}}{\pi T_s} \max(i_{C,P1} - i_{C,S1}) \qquad (3.5)$$

vereinfacht werden. Dieser Parameter wird gewählt, da er – im Gegensatz zu $I_{C,P1,max}$ – eine gute Vergleichsgröße zur Abschätzung der Leistung des DC/DC-Konverters darstellt. Dies gilt insbesondere bei hohen Magnetisierungsströmen bzw. bei hohen Rekombinationsströmen, die zwar einen Einfluss auf den maximalen Kollektorstrom von IGBT P1, jedoch nicht auf die pro Schaltperiode von der Primär- zur Sekundärseite übertragene Energie des DC/DC-Konverters haben. Daneben wird durch die Mittelwertbetrachtung über eine halbe Schaltperiode der Einfluss einer Änderung der Resonanzfrequenz auf die DC/DC-Konverterleistung mit berücksichtigt.

In der Darstellung $E = f(I_{av})$ erkennt man, dass der Einfluss der Resonanzfrequenz auf die Verluste der IGBTs vernachlässigbar ist. Mit steigender Resonanzfrequenz verlängert sich zwar die Wechselrichtersperrzeit T_{WS} – in dieser Zeit fließt jedoch kein Strom, da der Magnetisierungsstrom bei L_H = 12 mH in guter Näherung vernachlässigbar ist. Daraus folgt, dass die Ladungsträgerlebensdauer um ein Vielfaches größer als die Wechselrichtersperrzeit T_{WS} sein

29

muss, siehe auch Abschnitt 2.3.2. Rekombinationsvorgänge innerhalb der Basis laufen zu lang-sam ab, um einen erkennbaren Effekt auf die Speicherladung zu haben. Weiter ist erkennbar, dass die Verlustenergie und somit indirekt auch die Speicherladung in der N^--Basis des IGBT in dieser Betriebsweise im Wesentlichen vom mittleren Strom abhängig ist.

In der Darstellung $E = f(I_{av})$ wird der Einfluss der Resonanzfrequenz auf die Diodenverluste noch deutlicher: Bei vergleichbarem mittleren Strom steigen für höhere Resonanzfrequenzen auch Maximalstrom und Änderungsgeschwindigkeit des Stromes $di_{C,P1}/dt$ – und damit auch die auftretenden Verluste.

3.3.2 Variation der Hauptfeldinduktivität

Die gezielte Verringerung der Hauptfeldinduktivität des Transformators ist die verbreitetste Methode zur Verringerung der Halbleiterverluste im SRC und wird von allen Firmen und Forschergruppen, die sich mit der Mittelfrequenztopologie beschäftigen, angewendet. Beispiele sind die Referenzen [28],[29],[31],[33],[35]. Von ABB wird die Hauptfeldinduktivität sogar als eigenes, in den Transformator integriertes, Schaltelement betrachtet, weshalb der dort eingesetzte Serienresonanzkonverter als „LLC Resonanzkonverter" bezeichnet wird[3]. In Abbildung 3.15 ist ein vereinfachtes Ersatzschaltbild des Serienresonanzkonverters dargestellt, in dem der Transformator durch seine T-Ersatzschaltung dargestellt ist. Hier ist $L_{\sigma p} = L_{\sigma s} = L_{\sigma,\text{trafo}}/2$. Der Magnetisierungsstrom lässt sich über

$$i_{\text{mag}} = i_{\text{trafo}} - i_{\text{trafo,sek}} \tag{3.6}$$

definieren, jedoch nicht messen. Da auch $i_{\text{trafo,sek}}$ während der Versuche nicht gemessen wird, ist das im Folgenden dargestellte i_{mag} über Differenzbildung von $i_{C,\text{P1}}$ und $i_{C,\text{S1}}$ während der Leitphase abgeschätzt.

Grundidee einer Verringerung der Hauptfeldinduktivität L_H ist, dass sich dem sinusförmigen Resonanzstrom ein näherungsweise dreieckförmiger Magnetisierungsstrom überlagert[4]. Dieser Strom kann nach Abschalten der IGBTs weiter fließen, so dass infolge der in der Hauptfeldinduktivität gespeicherten Energie die abgeschalteten IGBTs durch den Magnetisierungsstrom ausgeräumt werden.

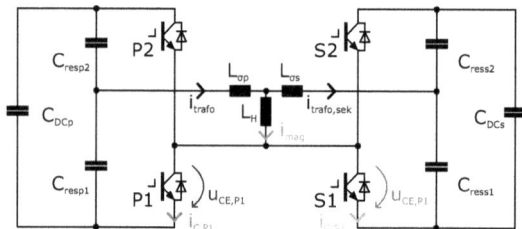

Abbildung 3.15: Vereinfachte Schaltung des Serienresonanzkonverters mit T-Ersatzschaltbild des Transformators (Übersetzungsverhältnis 1:1), in dem sich der Magnetisierungsstrom i_{mag} definieren lässt

Verlustoptimale Wahl des Magnetisierungsstromes

In Abbildung 3.16 ist eine Messung dargestellt, bei der IGBT P1 nach dem Abschalten und vor dem Einschalten von P2 komplett ausgeräumt wird. Die Halbperiode kann in zwei Zeitabschnitte unterteilt werden. Im ersten Abschnitt Ia fließt zunächst der Resonanzstrom, dessen Pfad gestrichelt rot dargestellt ist. Dem Resonanzstrom ist der Magnetisierungsstrom überlagert, in Abbildung 3.16 als grau gestrichelter Pfad dargestellt. Nach Ablauf der halben Resonanzperiode (der Resonanzstrom fällt zu Null ab) wird IGBT P1 ausgeschaltet. Der IGBT ist in diesem Zustand weiter leitfähig, in Anlehnung an [54] durch einen gestrichelten Kreis dargestellt. Der Magnetisierungsstrom fließt in diesem Zeitabschnitt IIa weiter, entlang dem grau gestrichelten Pfad, nahezu komplett durch IGBT P1. Über den Magnetisierungsstrom wird nun die Basis von

---

[3]Die Wahl dieser Bezeichnung hängt vor allem damit zusammen, dass der Magnetisierungsstrom so groß gewählt wird, dass immer Nullspannungsschalten (ZVS) des einschaltenden IGBT erreicht wird.

[4]Die Hauptfeldinduktivität bildet mit den Resonanzkondensatoren auch ein schwingfähiges System, wobei dessen Resonanzfrequenz etwa eine Größenordnung unter der Schaltfrequenz liegt. Durch einen linear ansteigenden und abfallenden Strom lässt sich der Magnetisierungsstrom i_{mag} jedoch hinreichend genau beschreiben.

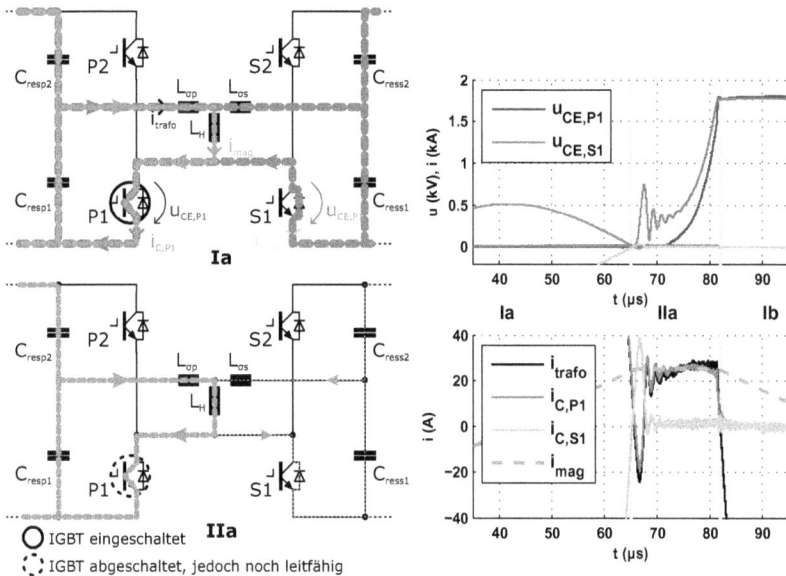

Abbildung 3.16: Nutzung des Magnetisierungsstromes, um IGBT P1 auszuräumen (Infineon FZ1000R33HE3/T_{j} = 125 °C/U_{CE} = 1,8 kV/$I_{\mathrm{C,P1,max}}$ = 500 A/C_{resp} = 25 μF/C_{ress} = 25 μF/T_{ED} = 46 μs/L_{H} = 1 mH)

P1 ausgeräumt, wie in Abschnitt 2.3.2 beschrieben. Der Aufbau der Raumladungszone ist als ansteigende Kollektor-Emitter-Spannung $u_{\mathrm{CE,P1}}$ erkennbar. Nachdem die volle Zwischenkreisspannung erreicht ist, wird der komplementäre IGBT P2 spannungslos bzw. nahezu spannungslos, eingeschaltet (ZVS). Während des Zeitabschnitts *IIa* fließt ein sehr kleiner Anteil des Magnetisierungsstromes auf der Sekundärseite in Sperrrichtung durch die Inversiode von IGBT S1. Über diesen Strom, dargestellt als dünne, grau gestrichelte Linie, wird die Sperrschichtkapazität der Diode geladen, so dass die Spannung $u_{\mathrm{CE,S1}}$ ebenfalls ansteigt. Nach Einschalten der IGBTs P2 und S2 beginnt der Resonanzstrom in umgekehrter Richtung zu fließen und der Gradient des Magnetisierungsstromes ändert sein Vorzeichen (Abschnitt *Ib*), nicht im Ersatzschaltbild dargestellt.

Die Einstellung des Magnetisierungsstromes in Abbildung 3.16 kann als optimal bzgl. der Leistungshalbleiterverluste bezeichnet werden. Die Spannung über $u_{\mathrm{CE,P1}}$ ist zu jedem Zeitpunkt nur genau so groß, dass die Raumladungszone in der N$^-$-Basis von P1 überwunden und der Magnetisierungsstrom komplett durch P1 fließen kann. Sobald $u_{\mathrm{CE,P1}}$ die Zwischenkreisspannung erreicht, wird der komplementäre IGBT P2 eingeschaltet, d.h. noch bevor der Magnetisierungsstrom auf die Inversdiode von P2 kommutiert (vgl. Abschnitt *Ia*). Da die Raumladungszone in der N$^-$-Basis von P1 bereits ihre volle Ausdehnung erreicht hat, tritt kein Rekombinationsstrom (forward recovery current) auf. Bedingt durch die Verwendung eines Field-Stop-IGBTs ist der auftretende Schweifstrom gering.

In der gegebenen Schaltungskonfiguration ist die Wahl des Magnetisierungsstromes nur für den gezeigten Resonanzstrom optimal bzgl. der Leistungshalbleiterverluste. Der Grund dafür ist, dass die Speicherladung in der N$^-$-Basis des IGBTs, neben z.B. der Sperrschichttemperatur, von der Höhe des zuvor geflossenen Resonanzstromes abhängig ist. Der in der Abbildung 3.16 gezeigte Fall lässt sich somit als Grenzfall verstehen.

Wahl eines zu großen Magnetisierungsstromes

Ist bei gleicher Hauptfeldinduktivität der Resonanzstrom kleiner als im in Abbildung 3.16 gezeigten Beispiel, kommutiert der Magnetisierungsstrom nach Ausräumen des IGBT P1 auf die Inversiode von IGBT P2, danach von der Primärseite auf die Sekundärseite, d.h. von der Inversdiode von IGBT P2 auf die Inversiode von IGBT S2. Dieser Fall ist in Abbildung 3.17 dargestellt, die auftretenden Kommutierungen in Abbildung 3.18.

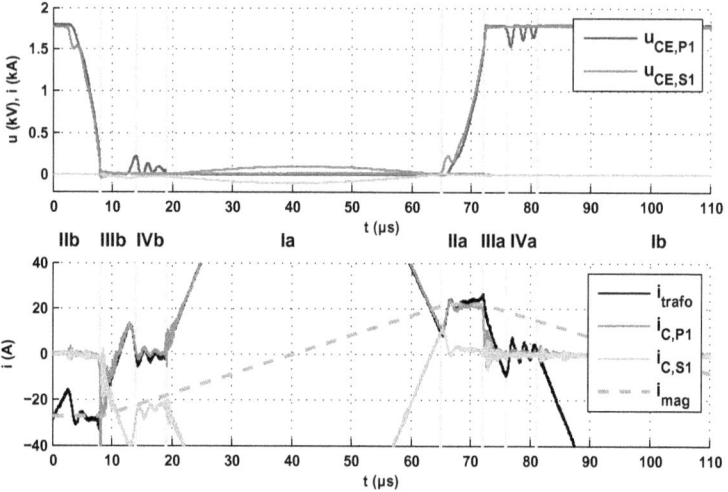

Abbildung 3.17: Wahl eines zu großen Magnetisierungsstromes (Infineon FZ1000R33HE3/T_j = 125 °C/U_{CE} = 1,8 kV/$I_{C,P1,max}$ = 90 A/C_{resp} = 25 µF/C_{ress} = 25 µF/T_{ED} = 46 µs/L_H = 1 mH)

Ausgangspunkt ist der eingeschaltete IGBT P1, Zeitabschnitt *Ia*. Nach Verschwinden des Resonanzstromes fließt allein der Magnetisierungsstrom durch P1, siehe Abschnitt *IIa*. Auch in diesem Fall fließt ein kleiner Teil des Stromes in Sperrrichtung durch die Inversdiode von S1, wieder als dünne, grau gestrichelte Linie dargestellt. Im Vergleich zur verlustoptimalen Wahl des Magnetisierungsstromes ist dieser Anteil erhöht, da nun die Spannung $u_{CE,S1}$ schneller aufgebaut wird.

Durch den Magnetisierungsstrom wird in Zeitabschnitt *IIa* die N⁻-Basis von P1 ausgeräumt. Danach kommutiert der Magnetisierungsstrom auf die komplementäre Diode, d.h. die Inversiode von IGBT P2. Dieser Vorgang ist mit einem harten Abschaltvorgang vergleichbar, siehe Abschnitt 2.3.1.

Im Zeitabschnitt *Ia* wurde der Kondensator C_{resp2} durch den Resonanzstrom auf- und Kondensator C_{ress2} entsprechend entladen. Damit gilt für die Masche aus C_{resp2}, $L_{\sigma p}$, $L_{\sigma s}$ und C_{ress2}

$$u_{L_{\sigma p}} + u_{L_{\sigma s}} = u_{C_{ress2}} - u_{C_{ress2}} < 0. \tag{3.7}$$

Deshalb sinkt in Abschnitt *IIIa* der Anteil des Magnetisierungsstromes durch die Inversdiode von IGBT P2 und beginnt in gleichem Maße durch die Inversdiode von IGBT S2 zu steigen. Der für die Untersuchungen verwendete Transformator hat mit nur $L_{\sigma,trafo}$ = 8,5 µH eine vergleichsweise geringe Streuinduktivität, so dass der Magnetisierungsstrom in Abschnitt *IVa* komplett auf die Sekundärseite kommutiert ist.

Auf der Primärseite wird durch diesen Kommutierungsvorgang der Schwingkreis aus der Streuinduktivität des Transformators und den Sperrschichtkapazitäten der primärseitigen

33

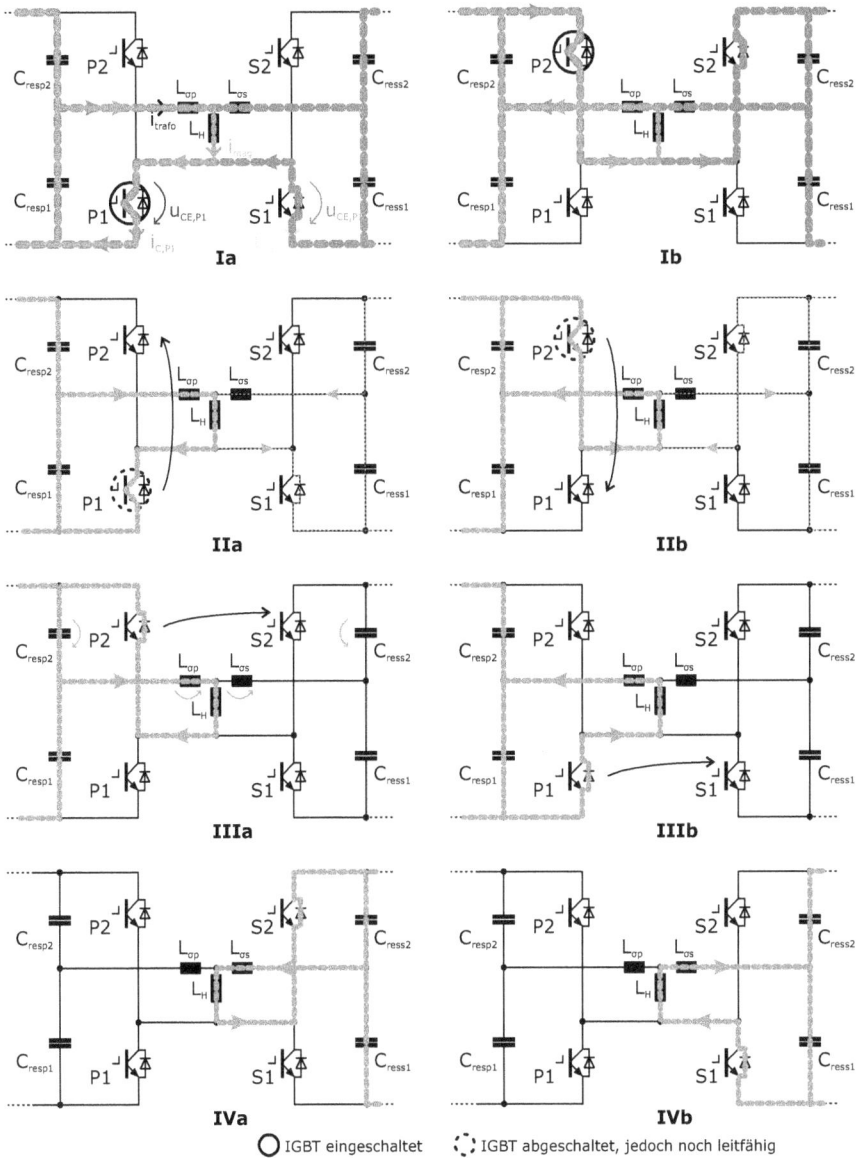

Abbildung 3.18: Zeitlicher Verlauf der Strompfade in Abbildung 3.17 für zu hohen Magnetisierungsstrom

34

IGBTs und deren Inversioden (sowie dazu in Reihe die primär- und sekundärseitigen Resonanz-kondensatoren) angeregt. Eine gedämpfte Schwingung ist in i_{trafo} und noch deutlicher in $u_{\text{CE,P1}}$ zu erkennen.

Mit dem Einschalten der IGBTs P2 und S2 beginnt der Resonanzstrom in umgekehrter Richtung zu fließen und die beschriebenen Kommutierungen laufen für die jeweils komplementären Bauelemente äquivalent ab (Abschnitt Ib bis IVb).

Da in Abbildung 3.17 neben dem abgeschätzten Magnetisierungsstrom nur gemessene Größen dargestellt sind, lassen sich manche der beschriebenen Kommutierungen nicht direkt erkennen. Die Kommutierung des Magnetisierungsstromes von der Primär- zur Sekundärseite ist für Abschnitt $IIIb$ bei $t \approx 8\,\mu\text{s}$ erkennbar. Der Strom $i_{\text{C,P1}}$ wird im gleichen Maße betragsmäßig kleiner, wie der Strom $i_{\text{C,S1}}$ größer. Bei $t \approx 12\,\mu\text{s}$ ist die Rückstromspitze der Inversiode von IGBT P1 erkennbar, ebenso wie die Anregung des Schwingkreises aus Streuinduktivität und Sperrschicht-kapazitäten.

In Abschnitt $IIIa$ ist der entsprechende Vorgang nur indirekt zu erkennen. Der Strom i_{trafo}, der auf der Primärseite gemessen wird, sinkt bei $t \approx 72\,\mu\text{s}$. In Abschnitt IVa sind sowohl $i_{\text{C,P1}} = 0\,\text{A}$ als auch $i_{\text{C,S1}} = 0\,\text{A}$. Im Strom i_{trafo} ist die Rückstromspitze der Inversiode von IGBT P2 sowie der durch den Schwingkreis aus Sperrschichtkapazitäten und Streuinduktivität bestimmte Resonanzstrom zu erkennen.

Wahl eines zu kleinen Magnetisierungsstromes

Ist bei gleicher Hauptfeldinduktivität der Resonanzstrom größer als im in Abbildung 3.16 gezeigten Beispiel, kann die N^--Basis des gerade abgeschalteten IGBTs nicht mehr komplett ausgeräumt werden. Nach Einschalten der komplementären IGBTs fließt daher ein Rekombi-nationsstrom (forward recovery current) bis die Raumladungszone in der N^--Basis ihre volle Ausdehnung erreicht hat. Ein Beispiel für diesen Fall ist in Abbildung 3.19 dargestellt, die auftretenden Kommutierungen in Abbildung 3.20.

Auch hier ist der Ausgangspunkt Abschnitt Ia, in dem IGBT P1 eingeschaltet ist. Wie für den in Abbildung 3.16 dargestellten Fall, fließt nach Abschalten des IGBT P1 (nachdem der Resonanzstrom verschwunden ist) der Magnetisierungsstrom allein durch P1 und beginnt dessen N^--Basis auszuräumen. Bevor die Raumladungszone in der N^--Basis von P1 ihre volle Ausdehnung erreichen kann, wird für den Fall eines zu klein gewählten Magnetisierungsstromes der komplementäre IGBT P2 eingeschaltet. Das verbleibende Plasma in der N^--Basis von P1 wird über einen Rekombinationsstrom (forward recovery current) ausgeräumt. Dieser Strom ist in Abbildung 3.20, der Einfachheit halber in Abschnitt Ib, grün gestrichelt eingezeichnet. Äquivalent dazu ist in Abschnitt Ia der entsprechende Rekombinationsstrom, mit dem die N^--Basis von P2 ausgeräumt wird, eingezeichnet.

Während des Ausräumvorgangs in Abschnitt IIa fließt, im Gegensatz zu den zuvor beschriebenen Fällen, kein Magnetisierungsstrom in Sperrrichtung durch die Inversdiode von IGBT S1. Die übernommene Sperrspannung steigt erst beim Einschalten des komplementären IGBT S2 wesentlich an. Allerdings wird durch den Abriss der Rückstromspitze der Inversiode von IGBT S1 der Schwingkreis aus den Sperrschichtkapazitäten der Module S1 und S2, der Streuindukti-vität des Transformators und den primärseitigen Resonanzkondensatoren stark angeregt. Diese Schwingungen sind daher in $i_{\text{C,P1}}$, $i_{\text{C,S1}}$, i_{trafo} sowie sehr deutlich in $u_{\text{CE,S1}}$ zu erkennen.

Durch den Abriss der Rückstromspitze wird auch in allen anderen, zuvor beschriebenen Fällen der entsprechende Schwingkreis aus Streuindukivität und Sperrschichtkapazitäten angeregt. Dies ist in den Abbildungen 3.16 und 3.17 jeweils in Abschnitt IIa, respektive IIb, erkennbar. Im Falle eines großen oder eines verlustoptimalen Magnetisierungsstromes klingt diese Schwingung jedoch schnell ab und wird durch das Umladen der Sperrschichtkapazität der Inversiode von IGBT S1, respektive S2, überlagert. In wie fern diese Schwingungen im späteren Einsatz eine Herausforderung hinsichtlich elektromagnetischer Verträglichkeit (EMV) darstellen, sollte Gegenstand weiterführender Untersuchungen sein.

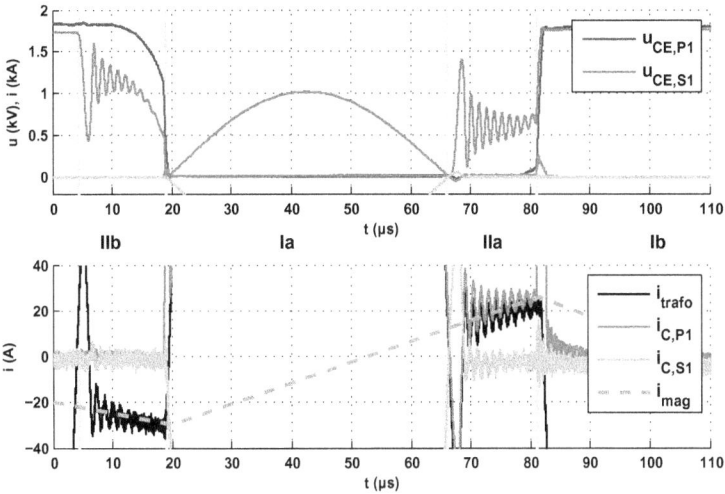

Abbildung 3.19: Wahl eines zu kleinen Magnetisierungsstromes (Infineon FZ1000R33HE3/T_j = 125 °C/U_{CE} = 1,8 kV/$I_{C,P1,max}$ = 1000 A/C_{resp} = 25 µF/C_{ress} = 25 µF/T_{ED} = 46 µs/L_H = 1 mH)

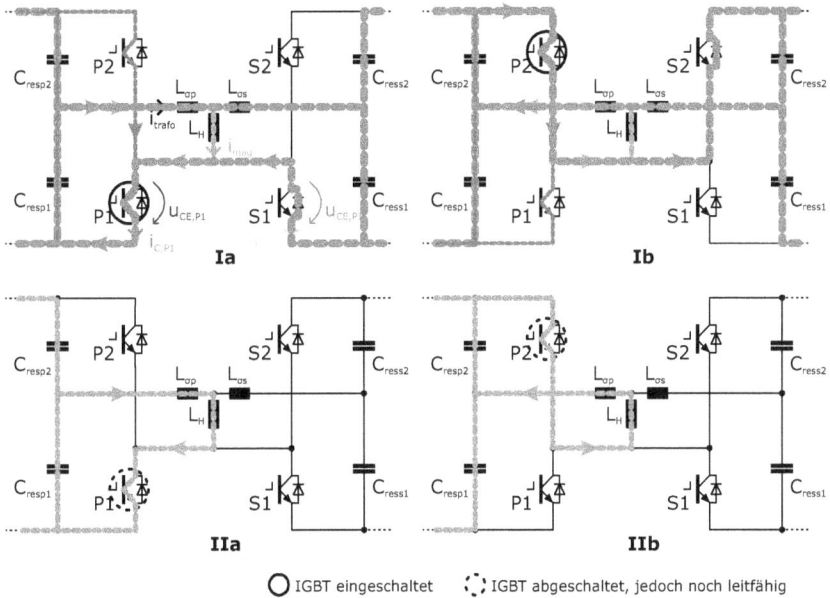

○ IGBT eingeschaltet ⟨⟩ IGBT abgeschaltet, jedoch noch leitfähig

Abbildung 3.20: Zeitlicher Verlauf der Strompfade in Abbildung 3.19 für einen zu kleinen Magnetisierungsstrom

36

Sonderfall: Direkte Kommutierung Primär- zu Sekundärseite

Wird ein sehr hoher Magnetisierungsstrom bei gleichzeitig sehr hohem Resonanzstrom gewählt, kann ein Sonderfall auftreten, in dem der Magnetisierungsstrom von der Primär- zur Sekundärseite kommutiert, bevor die N^--Basis des gerade abgeschalteten IGBTs komplett ausgeräumt ist. Dieser Fall ist in Abbildung 3.21 dargestellt, die auftretenden Kommutierungen in Abbildung 3.22.

Den vorangegangenen Fällen äquivalent wird IGBT P1 nach Verschwinden des Resonanzstromes abgeschaltet und der Magnetisierungsstrom beginnt die N^--Basis von P1 auszuräumen (Abschnitt IIa). Auch in diesem Fall wird auf der Sekundärseite die Sperrschichtkapazität über einen geringen Anteil des Magnetisierungsstromes geladen, so schnell dass $u_{CE,S1}$ vor $u_{CE,P1}$ auf der Primärseite die volle Zwischenkreisspannung erreicht. Betrachtet man die Masche aus C_{resp2}, $L_{\sigma p}$, $L_{\sigma s}$, C_{ress2} und IGBT P2, ist $u_{L_{\sigma p}} + u_{L_{\sigma s}} = u_{C_{ress2}} - u_{C_{resp2}} - u_{CE,P2} < 0$. Hier muss der Spannungsabfall über IGBT P2 mit betrachtet werden, da $u_{CE,P2} > 0$ ist. Damit kommutiert der Magnetisierungsstrom auf die Sekundärseite, noch bevor die N^--Basis von P1 komplett ausgeräumt ist. Durch diese Kommutierung wird in Zeitabschnitt $IIIa$ der Schwingkreis aus Streuinduktivität des Transformators und den Sperrschichtkapazitäten der primärseitigen IGBTs und deren Inversioden angeregt. Dieser Vorgang entspricht Abschnitt IVa für den Fall hohen Magnetisierungsstromes, dargestellt in den Abbildungen 3.17 und 3.18.

Die Raumladungszone in der N^--Basis erreicht dabei nicht ihre volle Ausdehnung, deshalb kann der Magnetisierungsstrom auch nicht auf die Inversdiode von IGBT P2 kommutieren. Außerdem fließt beim Einschalten von IGBT P2 ein Rekombinationsstrom (forward recovery current) um die verbliebenen Ladungsträger aus der N^--Basis von P1 auszuräumen, der Einfachheit halber in Abschnitt Ib grün gestrichelt dargestellt. Mit dem Einschalten der IGBTs P2 und S2 beginnt der Resonanzstrom in umgekehrter Richtung zu fließen und die beschriebenen Kommutierungen laufen für die jeweils komplementären Bauelemente äquivalent ab (Abschnitt Ib bis $IIIb$).

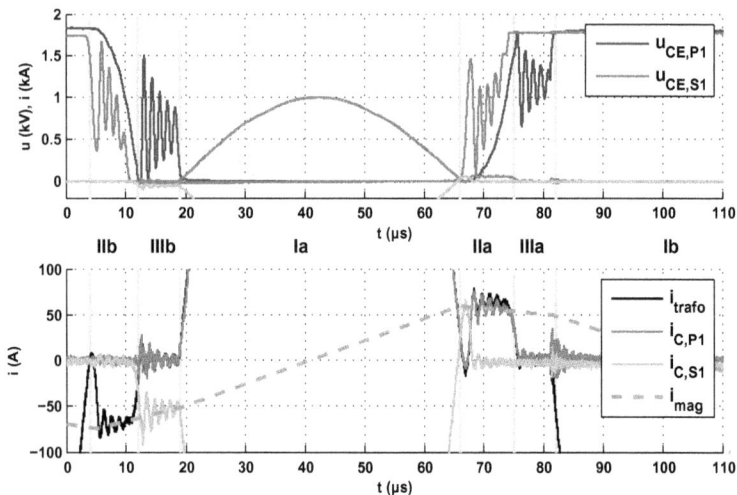

Abbildung 3.21: Sonderfall für sehr hohen Magentisierungs- und Resonanzstrom, bei dem der Magnetisierungsstrom direkt von der Primär- zur Sekundärseite kommutiert (Infineon FZ1000R33HE3/T_j = 125 °C/U_{CE} = 1,8 kV/$I_{C,P1,max}$ = 1000 A/C_{resp} = 25 µF/C_{ress} = 25 µF/T_{ED} = 46 µs/L_H = 0,4 mH)

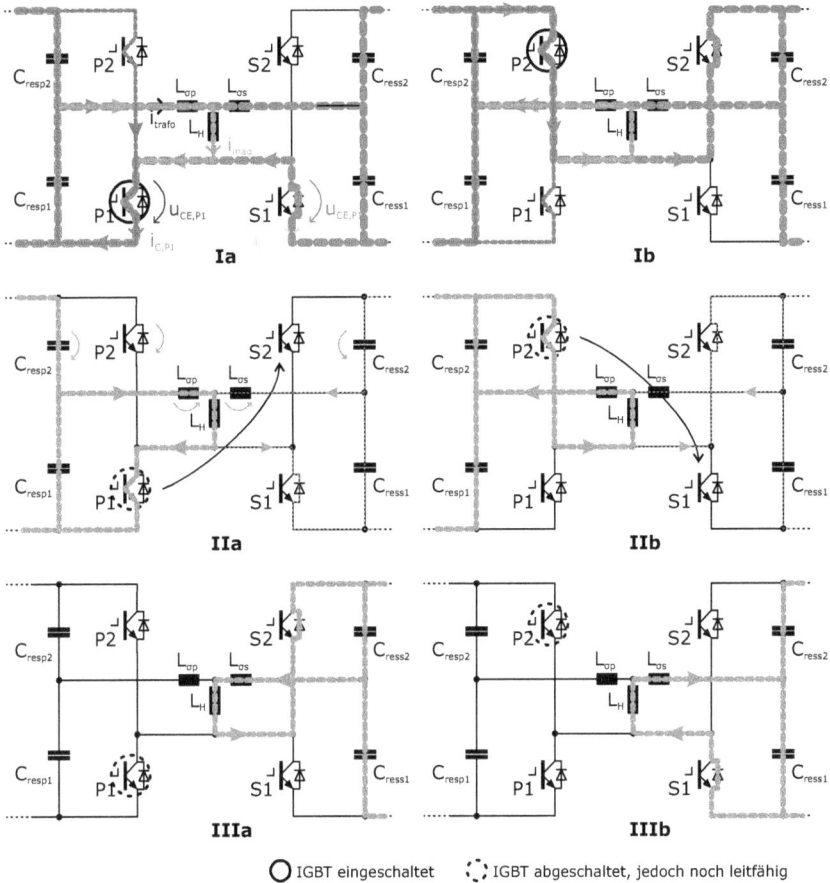

O IGBT eingeschaltet   ⟨ ⟩ IGBT abgeschaltet, jedoch noch leitfähig

Abbildung 3.22: Zeitlicher Verlauf der Strompfade des in Abbildung 3.21 gezeigten Sonderfalls

Einfluss des Magnetisierungsstromes auf die Halbleiterverluste

In den vorhergehenden Abschnitten wurden mögliche Kommutierungen beschrieben, die bei der Wahl eines Magnetisierungsstromes für einen bestimmten Parametersatz bei verschiedenen Resonanzströmen auftreten. Während, wie dargestellt, ein hoher Magnetisierungsstrom hilft, die N^--Basis des abgeschalteten IGBTs auszuräumen, erzeugen zusätzliche Kommutierungsvorgänge auch zusätzliche Verluste. Andererseits erzeugen gerade Rekombinationsströme (forward recovery current), die bei kleinen Magnetisierungsströmen auftreten, noch höhere Verluste. In Abbildung 3.23 ist für eine feste Resonanzperiodendauer ($T_\text{res}/2 = 46\,\mu\text{s}$) die Verlustenergie E über dem mittleren Strom I_av für verschiedene Magentisierungsinduktivitäten aufgetragen.

In allen Kurven kann der Übergang zwischen „zu hohem" und „zu kleinem" Magnetisierungsstrom, d.h ein Resonanzstrom für den der jeweilige Magnetisierungsstrom als „verlustoptimal" identifiziert werden kann, gefunden werden. Für diesen Resonanzstrom treten, wie gezeigt, weder zusätzliche Kommutierungen noch Rekombinationsströme (forward recovery current) auf.

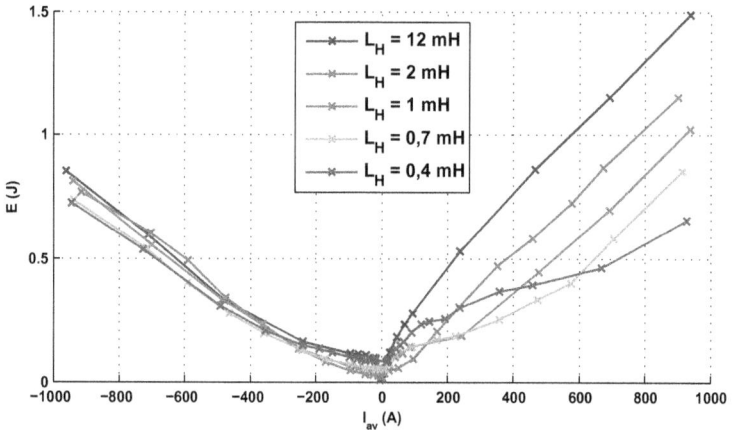

Abbildung 3.23: Darstellung der Verlustenergie E des IGBT Moduls P1 über dem mittleren Strom I_av, bei Variation L_H für $T_\text{res}/2 = 46\,\mu\text{s}$ (Infineon FZ1000R33HE3/T_j = $125\,°\text{C}/U_\text{CE} = 1{,}8\,\text{kV}/I_\text{C,P1,max} = -2\ldots 2\,\text{kA}/C_\text{resp} = 25\,\mu\text{F}/C_\text{ress} = 25\,\mu\text{F}/T_\text{ED} = 46\,\mu\text{s}/L_\text{H} = 0{,}4/0{,}7/1/2/12\,\text{mH})$

Für $L_\text{H} = 2\,\text{mH}$ liegt dieser Strom knapp unter $I_\text{C,P1,max} = 200\,A$ ($I_\text{av} \approx 95\,\text{A}$), für $L_\text{H} = 1\,\text{mH}$ (wie in Abbildung 3.16 gezeigt) bei $I_\text{C,P1,max} = 500\,A$ ($I_\text{av} \approx 235\,\text{A}$) und für $L_\text{H} = 0{,}7\,\text{mH}$ knapp über $I_\text{C,P1,max} = 750\,A$ ($I_\text{av} \approx 350\,\text{A}$). Für $L_\text{H} = 12\,\text{mH}$ ist dieser Strom sehr gering – bereits bei Strömen $I_\text{C,P1,max} < 50\,A$ ($I_\text{av} \approx 23\,\text{A}$) treten Rekombinationsströme (forward recovery current) auf. Für $L_\text{H} = 0{,}4\,\text{mH}$ kann der beschriebene Sonderfall der direkten Kommutierung von der Primär- zur Sekundärseite beobachtet werden, der ab einer Maximalstromstärke von etwa $I_\text{C,P1,max} = 1\,\text{kA}$ ($I_\text{av} \approx 470\,\text{A}$) auftritt.

Daneben lässt sich der beschriebene Effekt der Zusatzverluste durch hohe Magnetisierungsströme beobachten. Besonders deutlich ist der Unterschied zwischen $L_\text{H} = 12\,\text{mH}$ und $L_\text{H} = 0{,}4\,\text{mH}$. Während die Verlustenergie für sehr hohe Ströme ($I_\text{av} \approx 940\,\text{A}$) durch Erhöhung des Magnetisierungsstromes um etwa die Hälfte ($1511\,\text{mJ}$ zu $717\,\text{mJ}$) gesenkt werden können, werden diese gleichzeitig für den Fall des Leerlaufs auf mehr als das Vierfache erhöht ($19\,\text{mJ}$ zu $83\,\text{mJ}$).

Gleichzeitig kann beobachtet werden, dass der Einfluss des Magnetisierungsstromes auf die

Diodenverluste im Vergleich zu den IGBT-Verlusten gering ist. Wie schon in Abschnitt 3.3.1 gezeigt wurde, ist der Einfluss der Resonanzfrequenz größer. In Abbildung 3.24 ist beispielhaft die Verlustenergie E über dem mittleren Resonanzstrom I_{av} für eine feste Hauptfeldinduktivität $L_H = 2\,mH$ bei Variation der Resonanzfrequenz f_{res} (bzw. Resonanzperiodendauer T_{res}) dargestellt. Wie schon in Abschnitt 3.3.1 beschrieben, treten durch den steileren Stromanstieg bei höheren Resonanzfrequenzen (niedrigere Resonanzperiodendauer T_{res}) höhere Reverse Recovery Verluste in der Diode auf. Im Gegensatz zu dem in Abbildung 3.14 dargestellten Fall hat die Resonanzperiodendauer einen deutlicheren Einfluss auf die IGBT-Verluste. Grund dafür ist, dass in der hier dargestellten Variante (Abbildung 3.24) die Hauptfeldinduktivität mit $L_H = 2\,mH$ geringer ist. Somit bedeutet eine längere Wechselrichtersperrzeit T_{WS}[5] auch eine längere Zeit, in der die N$^-$-Basis des gerade abgeschalteten IGBT durch den Magnetisierungsstrom ausgeräumt wird. Für sehr kleine Magnetisierungsströme (für 12 mH in Abbildung 3.14 dargestellt) ist dieser Effekt vernachlässigbar.

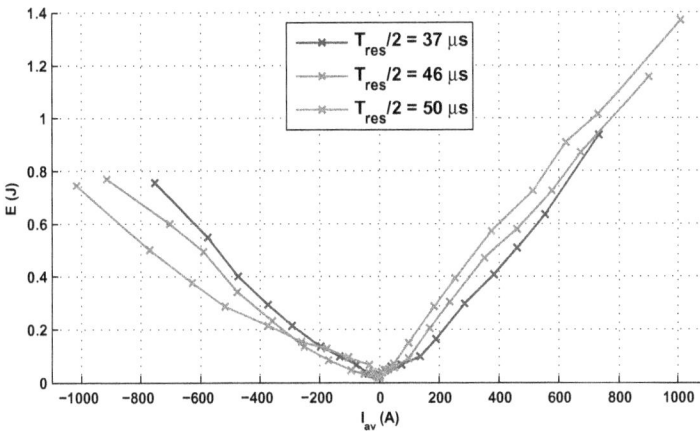

Abbildung 3.24: Darstellung der Verlustenergie E des IGBT Moduls P1 über dem mittleren Strom I_{av}, bei Variation von $T_{res}/2$ für $L_H = 2\,mH$ (Infineon FZ1000R33HE3/$T_j = 125\,°C/U_{CE} = 1{,}8\,kV/I_{C,P1,max} = -2\ldots2\,kA/C_{resp} = 25\,\mu F/C_{ress} = 12{,}5/25/37{,}5\,\mu F/T_{ED} = 37/46/50\,\mu s/L_H = 2\,mH$)

Der Magnetisierungsstrom hat somit einen erheblichen Einfluss auf die IGBT-Verluste. Bei einer Änderung der Hauptfeldinduktivität geht jedoch eine Verlustreduktion im Bereich hoher Resonanzströme mit einer Erhöhung der Verluste für niedrige Resonanzströme einher – und umgekehrt. Dabei kann für einen bestimmten Paramtersatz immer ein charakteristischer Resonanzstrom gefunden werden, für den der eingestellte Magnetisierungsstrom optimal ist.

Die Diodenverluste können durch eine Änderung der Resonanzfrequenz stärker beeinflusst werden. Der Einfluss der Resonanzfrequenz auf die IGBT-Verluste wird wesentlich vom gewählten Magnetisierungsstrom bestimmt, so dass diese beiden Parameter nicht unabhängig voneinander eingestellt werden können.

---

[5]hier: $T_{WS} = 62{,}5\mu s - T_{res}/2$

3.3.3 Einfluss des Ausschaltzeitpunktes auf die Halbleiterverluste

Zur Vermeidung von Abschaltverlusten werden bei resonantem Schalten typischerweise die Schalter genau dann ausgeschaltet, wenn der Resonanzstrom zu Null geht bzw. beginnt sein Vorzeichen umzukehren. Dieser Betrieb wird hier als Nullstromschalten (vom englischen Begriff „zero current switching", ZCS) bezeichnet. Wie in Abschnitt 2.3.2 dargestellt, bleibt die N^--Basis der hier verwendeten Hochspannungs-IGBTs mit Speicherladung überschwemmt, wenn sie stromlos abgeschaltet werden. Wird nun anstelle des Nullstromschaltens ein kleiner Strom abgeschaltet, kommutiert der Kollektorstrom deshalb nicht sofort auf die komplementäre Diode. Zunächst fließt der Strom weiter durch den IGBT und hilft dabei die N^--Basis des IGBT auszuräumen, so dass sich die Raumladungszone zumindest teilweise aufbauen kann. Diese Methode wird z.B. in [23],[26] beschrieben.

In Abbildung 3.25 b) ist dieser Fall für einen Strom von $I_{C,P1,max} = 500\,A$ dargestellt. IGBT P1 wird bereits nach $T_{ED} = 40\,\mu s$ bei $t \approx 55\,\mu s$, also etwa 6 µs vor dem Stromnulldurchgang bei $t \approx 61\,\mu s$, vgl. Abbildung 3.25 a), abgeschaltet.

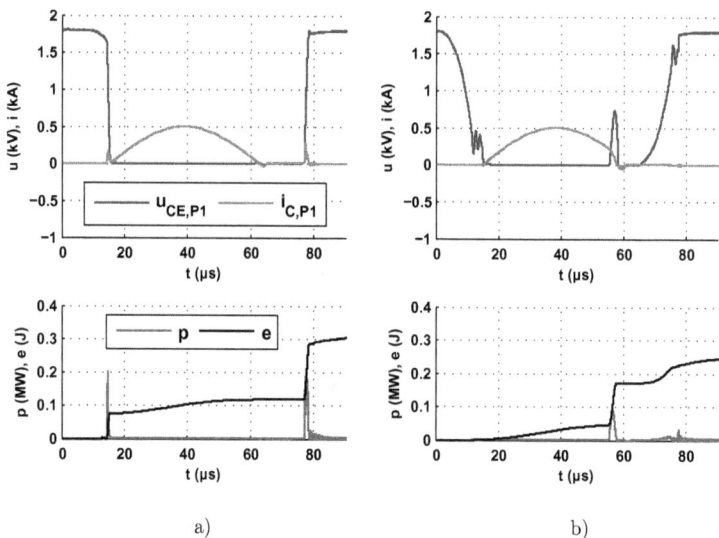

a)   b)

Abbildung 3.25: Vergleich des a) Nullstromschaltens ($T_{ED} = 46\,\mu s$, $T_{WS} = 16{,}5\,\mu s$) mit b) früherem Abschalten ($T_{ED} = 40\,\mu s$, $T_{WS} = 22{,}5\,\mu s$) bei 500 A Maximalstrom (Infineon FZ1000R33HE3/$T_j = 125\,°C/U_{CE} = 1{,}8\,kV/I_{C,P1,max} = 500\,A/C_{resp} = 25\,\mu F/C_{ress} = 25\,\mu F/T_{ED} = 46/40\,\mu s/L_H = 2\,mH$)

Da in diesem Fall während des Abschaltens ($t \approx 55\ldots 59\,\mu s$) bei größer werdender Spannung $u_{CE,P1}$ weiter ein Strom $i_{C,P1}$ fließt, entstehen zusätzliche Verluste. Allerdings ist ein Teil der N^--Basis des abgeschalteten IGBTs P1 bereits ausgeräumt, bevor der komplementäre IGBT (P2) eingeschaltet wird. Zusätzlich erhöht sich die Wechselrichtersperrzeit von $T_{WS} = 16{,}5\,\mu s$ auf $T_{WS} = 22{,}5\,\mu s$. Damit ist der Rekombinationsstrom (forward recovery current), der nach Einschalten des IGBT P2 auftritt, entsprechend kleiner. Da auch der Rekombinationsstrom, der während des Einschaltens von P1 fließt und der durch die Speicherladung in der N^--Basis von IGBT P2 hervorgerufen wird, kleiner ist, sinken die Gesamtverluste gegenüber dem Fall des stromlosen Schaltens.

41

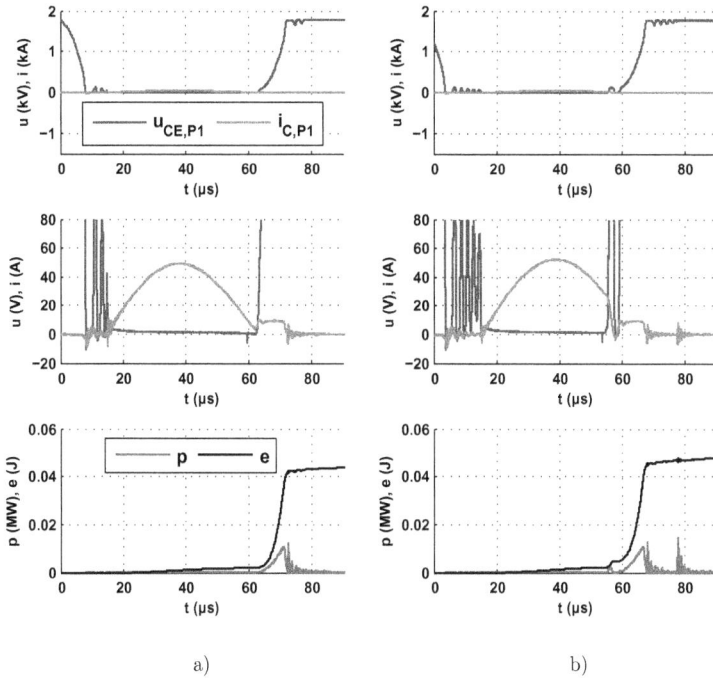

Abbildung 3.26: Vergleich des a) Nullstromschaltens (T_{ED} = 46 μs, T_{WS} = 16,5 μs) mit b) früherem Abschalten (T_{ED} = 40 μs, T_{WS} = 22,5 μs) bei 50 A Maximalstrom (Infineon FZ1000R33HE3/T_{j} = 125 °C/U_{CE} = 1,8 kV/$I_{\text{C,P1,max}}$ = 50 A/C_{resp} = 25 μF/C_{ress} = 25 μF/T_{ED} = 46/40 μs/L_{H} = 2 mH)

Wird der Strom bei kleinen Maximalwerten aktiv abgeschaltet, erhöhen sich die Gesamtverluste geringfügig, wie z.B. in Abbildung 3.26 b), mit T_{ED} = 40 μs bei I_{max} = 50 A. Das ist dann der Fall, wenn die N$^-$-Basis des IGBT auch ohne aktives Abschalten komplett ausgeräumt werden würde.

Wird umgekehrt der IGBT nach dem Nulldurchgang des Stromes abgeschaltet, so dreht sich das Vorzeichen des Stromes um. Ein Beispiel ist in Abbildung 3.27 dargestellt, in dem IGBT P1 nach T_{ED} = 50 μs bei t ≈ 65 μs, also etwa 4 μs nach dem Nulldurchgang des Stromes, abgeschaltet wird. Man erkennt eine Erhöhung der Verluste, denn durch die längere Einschaltdauer T_{ED} wird die Wechselrichtersperrzeit T_{WS}, in der die N$^-$-Basis von IGBT ausgeräumt werden kann, verkürzt.

Die Auswirkung einer Variation der Einschaltdauer T_{ED} bei konstanter Resonanzfrequenz f_{res} sind in Abbildung 3.28 für $T_{\text{res}}/2$ = 46 μs zusammengefasst. Die Verlustenergie E ist über dem mittleren Strom I_{av} dargestellt. Da $T_{\text{ED}} \neq T_{\text{res}}/2$, kann die Vereinfachung aus Abschnitt 3.3.1 nicht verwendet werden, sondern

$$I_{\text{av}} = \frac{T_{\text{ED}}}{\pi\,T_{\text{s}}} \left(1 - \cos(2\pi f_{\text{res}} T_{\text{ED}}) \right) \max(i_{\text{C,P1}} - i_{\text{C,S1}}). \tag{3.8}$$

Eine Verlängerung der Einschaltdauer gegenüber Nullstromschalten (ZCS) hat nicht nur eine

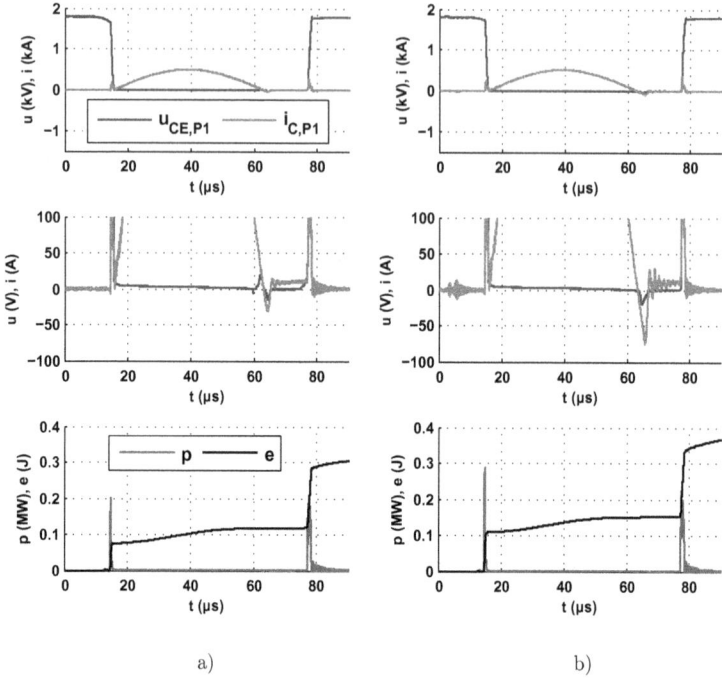

a)   b)

Abbildung 3.27: Vergleich des a) Nullstromschaltens (T_{ED} = 46 µs, T_{WS} = 16,5 µs) mit b) späterem Abschalten (T_{ED} = 50 µs, T_{WS} = 12,5 µs) bei 500 A Maximalstrom (Infineon FZ1000R33HE3/T_j = 125 °C/U_{CE} = 1,8 kV/$I_{C,P1,max}$ = 500 A/C_{resp} = 25 µF/C_{ress} = 25 µF/T_{ED} = 46/50 µs/L_H = 2 mH)

Reduktion des mittleren Stromes zur Folge, man erkennt zusätzlich eine Erhöhung der Verluste des IGBT ($I_{av} > 0$) und der Diode ($I_{av} < 0$).

Abhängig von IGBT und Betriebsparametern (f_{res}, L_H) lassen sich durch eine Reduktion von T_{ED} im IGBT Verluste einsparen, die Auswirkungen auf die Diode können nahezu vernachlässigt werden. In der Abbildung 3.28 wird die Grenze deutlich, über die hinaus die Einschaltdauer T_{ED} nicht verringert werden sollte: Bei aktivem Abschalten eines zu hohen Stromes übersteigen die Zusatzverluste im Abschaltaugenblick die, durch eine teilweise Ausräumung der N⁻-Basis des IGBT, eingesparten Verluste. Im Extremfall (im hier untersuchten Fall für $I_{max} > 1,5$ kA, entspricht etwa $I_{av} > 670$ A, bei T_{ED} = 40 µs nicht dargestellt) tritt hartes Schalten auf und der Resonanzstrom kommutiert auf die komplementäre Diode.

Das heißt einerseits, dass immer $T_{ED} < T_{res}/2$ gewählt werden sollte, andererseits dass T_{ED} in einem gewissen Bereich variiert werden kann, ohne dass deutlich höhere Verluste auftreten. Umgekehrt lassen sich somit auch Aussagen zur Robustheit des SRC gegenüber Parameterschwankungen treffen, d.h. dass z.B. eine gewisse Schwankungsbreite der Resonanzfrequenz zugelassen werden darf, die nur geringe Auswirkungen auf die Halbleiterverluste hat.

Die hier getroffenen Aussagen gelten dabei nur für die untersuchte Schaltungskonfiguration des SRC mit einer sehr geringen Streuinduktivität des Transformators $L_{\sigma,\text{trafo}}$ = 8,5 µH. Bei

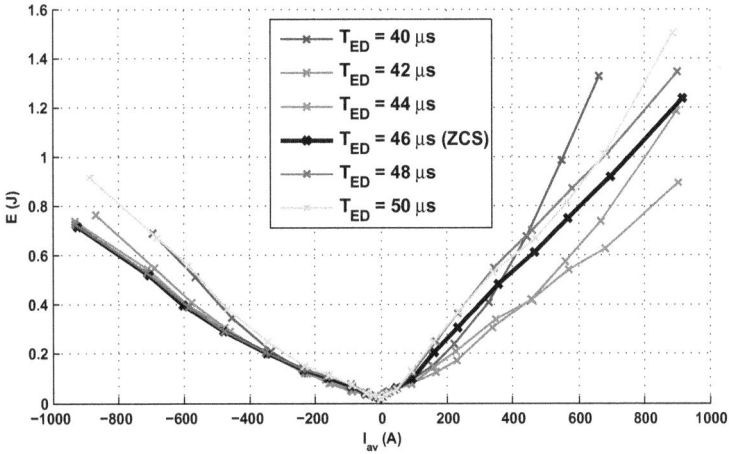

Abbildung 3.28: Verlustenergie E des IGBT Moduls P1 über mittlerem Strom I_{av} bei Variation des Ausschaltzeitpunktes, mit $T_{res}/2 = 46\,\mu s$ (Infineon FZ1000R33HE3/T_j = 125 °C/U_{CE} = 1,8 kV/$I_{C,P1,max}$ = $-2\ldots2$ kA/C_{resp} = 25 μF/C_{ress} = 25 μF/T_{ED} = 40/42/44/46/48/50 μs/L_H = 2 mH)

einer größeren Streuinduktivität ist auch die dort gespeicherte Energie größer, bereits beim Abschalten kleinerer Ströme kann hartes Schalten auftreten. Der beschriebene Mechanismus der Verlusteinsparung ist damit nicht mehr wirksam. Eine Verallgemeinerung ist daher nur qualitativ und unter Berücksichtigung der Streuinduktivität des eingesetzten Transformators möglich.

3.3.4 6,5 kV und 3,3 kV IGBTs

Wird der Serienresonanzkonverter entsprechend der in Abbildung 2.4 (Seite 8 in Abschnitt 2.2.2) gezeigten Konfiguration aufgebaut, werden auf der Primärseite 6,5 kV IGBTs und auf der Sekundärseite 3,3 kV IGBTs eingesetzt. Dabei müssen an allen Schalterpositionen IGBTs mit der gleichen Schaltleistung eingesetzt werden, d.h. im Vergleich zur Primärseite blockieren die IGBTs auf der Sekundärseite zwar nur die halbe Spannung, führen jedoch den doppelten Strom.

Stellvertretend sollen hier die IGBT Typen FZ500R65KE3 [63], ein 6,5 kV / 500 A IGBT Modul und FZ1000R33HE3 [64], ein 3,3 kV / 1000 A IGBT Modul verglichen werden. In beiden Modulen werden IGBTs der dritten Generation der Firma Infineon verwendet, bei der Trench- und Field-Stop-Technologie zum Einsatz kommen.

Bei einem Vergleich der Datenblattangaben [63], [64] erkennt man, dass für hartes Schalten bei einem Wechsel von 6,5 kV zu 3,3 kV IGBTs zwar die Leitverluste (bei Nennstrom) um etwa 62 % steigen. Diesem Verlustanstieg steht jedoch eine Einsparung in den Schaltverlusten (60 % bzw. 50 % beim Ein- bzw. Ausschalten) gegenüber.

Beim hier untersuchten Betrieb im Serienresonanzkonverter stellt sich die Verteilung der Verluste etwas anders dar. Wie in Abbildung 3.29 dargestellt, ist die Verlustenergie des 6,5 kV IGBT (1256 mJ) für eine vergleichbare Betriebsweise erheblich größer als für den 3,3 kV IGBT (434 mJ). Der Grund ist im Verlauf der jeweiligen Kollektor-Emitter-Spannung $u_{CE,P1}$ während der Leitphase zu suchen. Es ist deutlich erkennbar, dass – obwohl die Datenblattangaben ein anderes Verhalten vermuten lassen – der Spannungsabfall, trotz eines nur halb so großen Resonanzstroms, für den 6,5 kV IGBT größer ist.

Die Erklärung dafür ist, dass durch die etwa doppelt so weite N^--Basis des 6,5 kV IGBTs im Vergleich zum 3,3 kV IGBT mehr Ladungsträger für eine vergleichbare Durchlassspannung $U_{CE,sat}$ benötigt werden. Damit muss die Ladungsträgerlebensdauer im 6,5 kV IGBT größer sein und der in Abschnitt 2.3.1 beschriebene Prozess der Leitwertmodulation läuft langsamer ab. D.h. dass neben einer größeren Menge an Ladungsträgern, die beim Abschalten ausgeräumt werden müssen, beim 6,5 kV IGBT die Spannung $u_{CE,P1}$ in der Leitphase langsamer abfällt. Im in Abbildung 3.29 gezeigten Fall wird der stationäre Zustand nicht erreicht. Deshalb treten im 3,3 kV IGBT bei vergleichbarer Schaltleistung, in der hier betrachteten Anwendung eines mit 8 kHz geschalteten Serienresonanzkonverters, immer geringere Verluste auf.

Praktische Untersuchungen in der Literatur, z.B. [65], bestätigen, dass die Wahl einer kleineren Sperrspannung und entsprechend eine Reihenschaltung von Bauelementen in Anwendungen mit hoher Schaltfrequenz (z.B. 2 kHz in [65]) gegenüber einem einzelnen IGBT mit hoher Sperrspannung bzgl. Verlusten vorteilhaft ist.

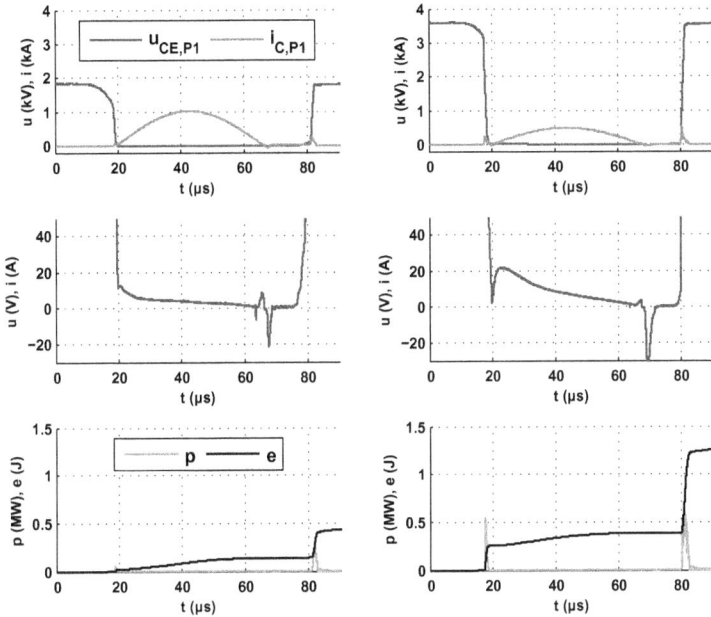

Abbildung 3.29: Vergleich eines 3,3 kV / 1000 A IGBTs (links) und eines 6,5 kV / 500 A IGBTs (rechts) bei Betrieb mit vergleichbarer Schaltleistung und Betriebsparametern (Infineon FZ1000R33HE3/T_j = 125 °C/U_{CE} = 1,8 kV/$I_{C,P1,max}$ = 1000 A/C_{resp} = 25 μF/C_{ress} = 25 μF/T_{ED} = 46 μs/L_H = 1 mH) und (Infineon FZ500R65KE3/T_j = 125 °C/U_{CE} = 3,6 kV/$I_{C,P1,max}$ = 500 A/C_{resp} = 25 μF/C_{ress} = 25 μF/T_{ED} = 46 μs/L_H = 2 mH)

3.3.5 Gezieltes Einbringen von Rekombinationszentren (Bestrahlung)

In den vorhergehenden Abschnitten wurde die Speicherladung, die nach dem Abschalten des IGBTs in dessen N^--Basis verbleibt, als Hauptursache für die auftretenden Verluste identifiziert. Eine Möglichkeit, diese Speicherladung zu verringern ist, durch Bestrahlung gezielt Rekombinationszentren in die N^--Basis des IGBTs einzubringen. Diese Methode wird z.B. in [28],[29] untersucht.

In Abbildung 3.30 a) ist die Auswirkung der Bestrahlung für hartes Schalten, die sogenannte Technologiekurve, dargestellt. Je höher die Intensität der Bestrahlung gewählt wird, desto kleiner ist die Ladungsträgerlebensdauer und desto geringer ist die Anzahl der Ladungsträger in der N^--Basis des IGBTs. Damit sinkt einerseits die Abschaltverlustenergie E_{off}, gleichzeitig steigt die Sättigungsspannung $U_{\text{CE,sat}}$ im Durchlassbereich (angegeben für Nennstrom). Im Allgemeinen werden die hier untersuchten IGBTs in Anwendungen mit hohen Strömen bei geringen Schaltfrequenzen eingesetzt, weshalb normalerweise eine Variante mit verhältnismäßig geringen Durchlassspannungen (und damit -verlusten) und hohen Abschaltverlustenergien gewählt wird (ohne Bestrahlung, 0).

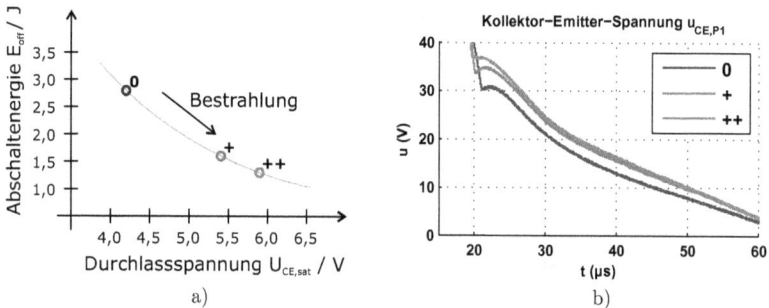

a)   b)

Abbildung 3.30: a) Technologiekurve für einen 6,5 kV / 500 A IGBT Typen mit drei unterschiedlichen Bestrahlungsintensitäten und b) entsprechender Verlauf der Kollektor-Emitter-Spannung u_{ce} bei 1000 A Maximalstrom (ohne (0)/leichte (+)/starke (++) Bestrahlung/$T_j = 125\,°C/U_{\text{CE}} = 3,6\,\text{kV}/I_{\text{C,P1,max}} = 1000\,\text{A}/C_{\text{resp}} = 25\,\mu\text{F}/C_{\text{ress}} = 25\,\mu\text{F}/T_{\text{ED}} = 46\,\mu\text{s}/L_{\text{H}} = 2\,\text{mH}$)

In Abbildung 3.30 b) ist erkennbar, dass bei vergleichbaren Betriebsbedingungen für IGBTs mit höherer Bestrahlungsintensität die Kollektor-Emitter-Spannung $u_{\text{CE,P1}}$ während der Leitphase immer höher ist. Da die Ladungsträgerlebensdauer im Vergleich zu den Schaltzeiten immer noch vergleichsweise hoch ist, wird in dieser Anwendung auch mit bestrahlten IGBTs die Sättigungsspannung nicht erreicht. Obwohl während der Leitphase die Verlustleistung mit der Bestrahlungsintensität steigt, wird dieser Effekt durch die Reduktion des Rekombinationsstromes und den damit verbundenen Verlusten mehr als ausgeglichen, siehe Abbildung 3.31.

Die Verlustenergie ist für die hier gewählte, beispielhafte Konfiguration in Abbildung 3.32 über dem maximalen Resonanzstrom aufgetragen. Man erkennt, dass selbst mit der stärksten verfügbaren Bestrahlung noch nicht der Grenzfall erreicht ist, bei dem die Erhöhung der Kollektor-Emitter-Spannung $u_{\text{CE,P1}}$ und damit der Verluste während der Leitphase, die Verlustreduktion durch eine Verringerung des Rekombinationsstromes aufhebt. Damit kann die Schlussfolgerung gezogen werden, dass eine weitere Erhöhung der Bestrahlungsintensität in dieser Anwendung weitere Vorteile bringen würde. Da jedoch durch eine Bestrahlung weitere Parameter des IGBT (wie z.B. die Kurzschlussfestigkeit und die Gate-Emitter-Schwellspannung) beeinflusst werden, kann die Intensität nicht beliebig erhöht werden, weshalb auch keine stärker bestrahlten IGBTs für weitere Untersuchungen zur Verfügung standen.

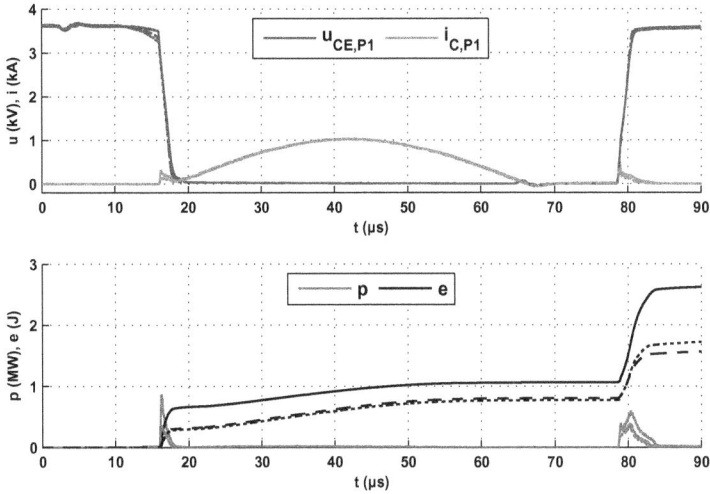

Abbildung 3.31: Kollektorstrom $i_{C,P1}$, Kollektor-Emitter-Spannung $u_{CE,P1}$ sowie entsprechender Verlustleistungs und -energieverlauf der unterschiedlich bestrahlten 6,5 kV / 500 A IGBTs aus Abb. 3.30 a) bei 1000 A Maximalstrom (ohne (–)/ leichte ($\cdots$)/ starke (--) Bestrahlung/$T_j =$ 125 °C/$U_{CE} = 3{,}6$ kV/$I_{C,P1,\mathrm{max}} = 1000$ A/$C_{\mathrm{resp}} = 25$ µF/$C_{\mathrm{ress}} = 25$ µF/$T_{ED} = 46$ µs/$L_H =$ 2 mH)

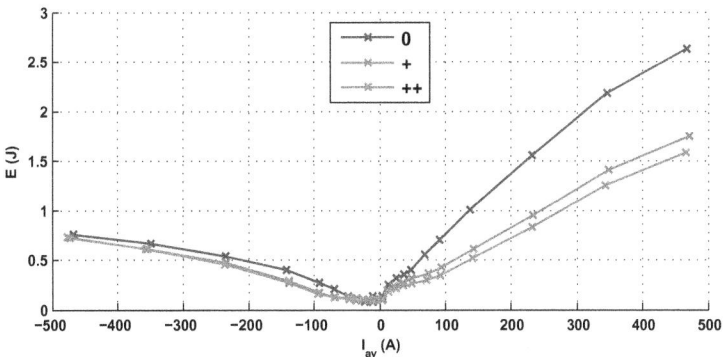

Abbildung 3.32: Verlustenergie über mittlerem Strom I_{av} bei Variation der Bestrahlungsinten-sität (ohne (0)/leichte (+)/starke (++) Bestrahlung/$T_j = 125$ °C/$U_{CE} = 3{,}6$ kV/$I_{C,P1,\mathrm{max}} =$ $-1\ldots 1$ kA/$C_{\mathrm{resp}} = 25$ µF/$C_{\mathrm{ress}} = 25$ µF/$T_{ED} = 46$ µs/$L_H = 2$ mH)

48

3.4 Schaltung zur erzwungenen Ladungsträgerausräumung (FES)

Der Schaltungsparameter mit dem stärksten Einfluss auf die Halbleiterverluste ist die Hauptfeldinduktivität. Dabei ist jedoch von Nachteil, dass eine Verringerung der Verluste für hohe Resonanzströme mit einer Erhöhung der Verluste für kleine Resonanzströme einhergeht. Eine schaltungstechnische Alternative, bei der dieses nachteilige Verhalten nicht so stark ausgeprägt ist, wird in diesem Abschnitt vorgestellt.

3.4.1 Grundschaltung

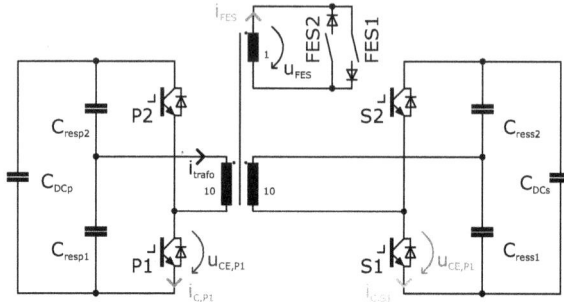

Abbildung 3.33: Schaltung des Serienresonanzkonverters mit an die Hilfswicklung des Transformators angeschlossene FES

Die Schaltung zur erzwungenen Ladungsträgerausräumung („Forced Evacuation Switch" FES) [66] besteht aus zwei antiparallen, rückwärts sperrenden Schaltern, die an eine Hilfswicklung des Transformators angeschlossen werden. In dem hier untersuchten Fall handelt es sich dabei um eine Zusatzwindung, die auf der Primärseite des Transformators aufgebracht ist (wobei die Primär- und Sekundärwicklung aus je 10 Windungen bestehen). Über diese soll im späteren Einsatz im Serienresonanzkonverter die Ansteuerelektronik der Primärseite mit Energie versorgt werden. Die Schaltung ist schematisch in Abbildung 3.33 dargestellt.

Die FES wird gesteuert betrieben, erfordert also keine geschlossene Regelschleife. Die Ansteuersignale können einfach aus den Schaltsignalen der IGBTs P1/S1 und P2/S2 abgeleitet werden. Nachdem IGBT P1/S1 ausgeschaltet wurde, wird nach einer Zeit $T_{\mathrm{v,FES,ein}}$ der Schalter FES1 eingeschaltet. Diese Zeit dient in erster Linie dem Schutz der FES-Schalter bei sehr langsam schaltenden IGBTs. Den Ausschaltbefehl erhält der Schalter FES1 nachdem die IGBTs P2/S2 eingeschaltet wurden und eine Zeit $T_{\mathrm{v,FES,aus}}$ gewartet wurde, wobei $T_{\mathrm{v,FES,aus}} < T_{\mathrm{ED}}$ gelten muss. Als Mindestwert empfiehlt sich eine Zeit zu wählen, nach der in jedem Fall der Strom i_{FES} abgeklungen ist. Der Schalter FES2 wird äquivalent angesteuert, dargestellt in Abbildung 3.34. Im Folgenden wird zur Vereinfachung $T_{\mathrm{v,FES,ein}} = 3\,\mu s$ und $T_{\mathrm{v,FES,aus}} = 15\,\mu s$ festgelegt.

Die Schaltung der FES lässt sich einfach realisieren. Eine für Kurzzeitbetrieb verwendete Variante ist in Abbildung 3.35 a) dargestellt. Wegen des Wicklungsverhältnisses von 10:10:1 (Primär-/Sekundär-/Hilfswicklung) können die Schalter mit Mosfets realisiert werden, bei denen als unipolare Bauelemente nach dem Abschalten keine Speicherladung verbleibt, die zusätzliche Verluste verursacht. In Abbildung 3.35 b) ist die Einbausituation für FES in den in Abbildung 3.4 (Seite 20, Abschnitt 3.2) gezeigten Teststand dargestellt. Dabei wurde ein speziell angefertigter Transformator verwendet, dessen Streuinduktivität zwischen Hauptwicklungen und Hilfswicklung mit etwa 17,2 μH bzw. 22,9 μH (von den Hauptwicklungen gemessen) besonders gering ist.

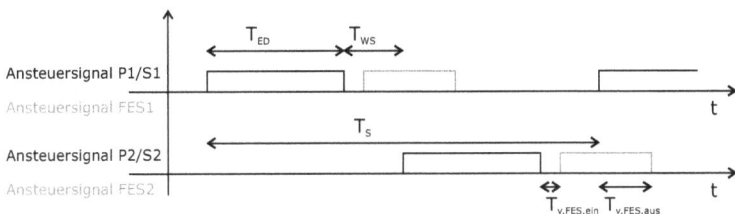

Abbildung 3.34: Ableitung der Ansteuersignale der FES aus den Ansteuersignalen der IGBTs P1/S1 und P2/S2

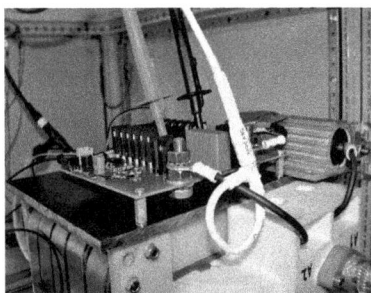

a)   b)

Abbildung 3.35: a) FES Hardware für Kurzzeitbetrieb (ohne Kühlung), b) eingebaut in den Teststand, angeschlossen an einen Spezialtransformator mit niedriger Streuinduktivität der Hilfswicklung

3.4.2 Betrieb der FES

Geringer Resonanzstrom

In Abbildung 3.36 ist eine Messung mit FES für einen Resonanzstrom von $I_{max} = 50\,\text{A}$ dargestellt. Um den Einfluss der FES besser darstellen zu können, ist der gezeigte Strom i_{FES} mit dem Faktor $\frac{1}{10}$ – dem Verhältnis der Haupt- zur Hilfswicklung – skaliert. Der Einfluss des Magnetisierungsstromes kann vernachlässigt werden, da bei Nutzung der FES mit $L_H = 12\,\text{mH}$ immer die größtmögliche Hauptfeldinduktivität eingestellt ist.

Die in Abbildung 3.36 auftretenden Kommutierungen sind in Abbildung 3.37 dargestellt. Ausgangspunkt ist Abschnitt Ia, in dem die IGBTs P1 und S1 eingeschaltet sind. Nachdem der Resonanzstrom zu Null gegangen ist, werden P1/S1 abgeschaltet. Da IGBT P1 bisher keine Spannung blockiert, fällt über P2 und auch über der Hilfswicklung die volle Spannung ab. Nach der festgelegten Wartezeit $T_{v,FES,ein}$ wird FES1 eingeschaltet (Abschnitt IIa). Über der Streuinduktivität der Hilfswicklung $L_{\sigma hilfs}$ fällt die volle Spannung

$$u_{L_{\sigma hilfs}} = \frac{1}{10}(u_{C_{resp1}} - u_{CE,P1}) \approx \frac{1}{10}u_{C_{resp1}} \tag{3.9}$$

ab. Der Einschaltvorgang von FES1 ist damit spannungslos (ZVS). Der Strom i_{FES} beginnt entsprechend langsam zu steigen. Mit dem Strom i_{FES} fließt auch durch den abgeschalteten IGBT P1 ein Strom, der hilft dessen N^--Basis auszuräumen. Dadurch steigt $u_{CE,P1}$ entsprechend an, so dass bei $t \approx 73\,\mu\text{s}$ gilt

$$u_{L_{\sigma hilfs}} = \frac{1}{10}(u_{C_{resp1}} - u_{CE,P1}) \approx 0 \tag{3.10}$$

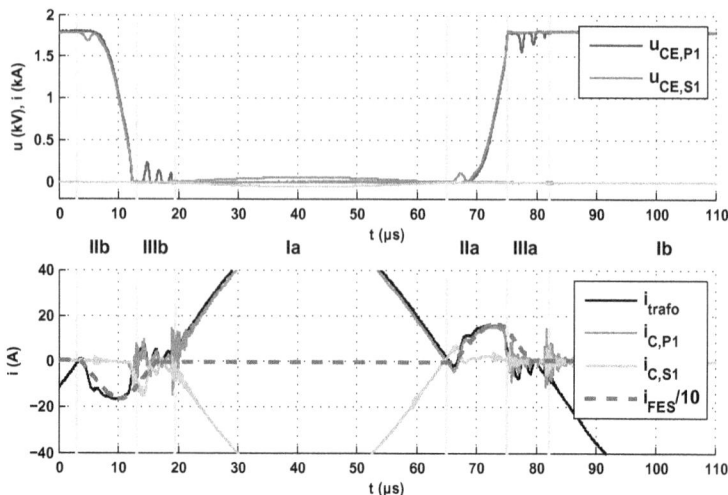

Abbildung 3.36: Nutzung der FES, um IGBT P1 nach dem Abschalten auszuräumen (Infineon FZ1000R33HE3/T_j = 125 °C/U_{CE} = 1,8 kV/$I_{C,P1,max}$ = 50 A/C_{resp} = 25 μF/C_{ress} = 25 μF/T_{ED} = 46 μs/FES (L_s = 2 μH))

und i_{FES} nicht weiter ansteigt. Da IGBT P1 weiter ausgeräumt wird, steigt $u_{CE,P1}$ auf die volle Zwischenkreisspannung (Abschnitt *IIIa*). Der Strom i_{FES} kommutiert zum Teil auf die Inversdiode von IGBT P2, jedoch nach kurzer Zeit bereits vollständig auf die Inversdiode von IGBT S2 – wie auch in Abschnitt 3.3.2 (siehe Abbildungen 3.17 und 3.18, Seite 33f) beschrieben. Nun fällt über der Streuinduktivität der Hilfswicklung $L_{\sigma hilfs}$

$$u_{L_{\sigma hilfs}} = \frac{1}{10}(u_{CE,S2} - u_{C_{ress2}}) \approx -\frac{1}{10}u_{C_{ress2}} \tag{3.11}$$

ab und der Strom i_{FES} sinkt. Bereits beim Einschalten der IGBTs P2/S2 ist i_{FES} Null. Bei $t \approx 97$ μs wird FES1 stromlos ausgeschaltet (ZCS).

Nach dem Abschalten der IGBTs P2/S2 wird FES2 eingeschaltet (Abschnitt *IIb*). Der Betrieb von FES2 läuft dabei äquivalent zu FES1 ab.

Hoher Resonanzstrom

In Abbildung 3.38 ist ein Fall hohen Resonanzstromes und der Grenzfall zwischen geringem und hohem Resonanzsstrom dargestellt. „Hoher" Resonanzstrom bedeutet in diesem Fall, dass nach dem Einschalten von IGBT P2 ein Rekombinationsstrom fließt (in Abbildung 3.38 a) grün dargestellt). Davon abgesehen sind die beiden dargestellten Fälle vergleichbar.

Ausgangspunkt sind die während des Abschnittes *Ia* eingeschalteten IGBTs P1 und S1. Wie zuvor beschrieben, wird nach dem Abschalten der IGBTs FES1 spannungslos eingeschaltet (Abschnitt *IIa*). Auch hier steigt der Strom i_{FES} an und räumt jeweils die N^--Basis von IGBT P1 aus. In Abbildung 3.38 b) erreicht dabei $u_{CE,P1}$ die volle Zwischenkreisspannung, in Abbildung 3.38 c) nicht.

In beiden Fällen ist bei Einschalten der IGBTs P2/S2 i_{FES} noch nicht Null (Abschnitt *IIIa*).

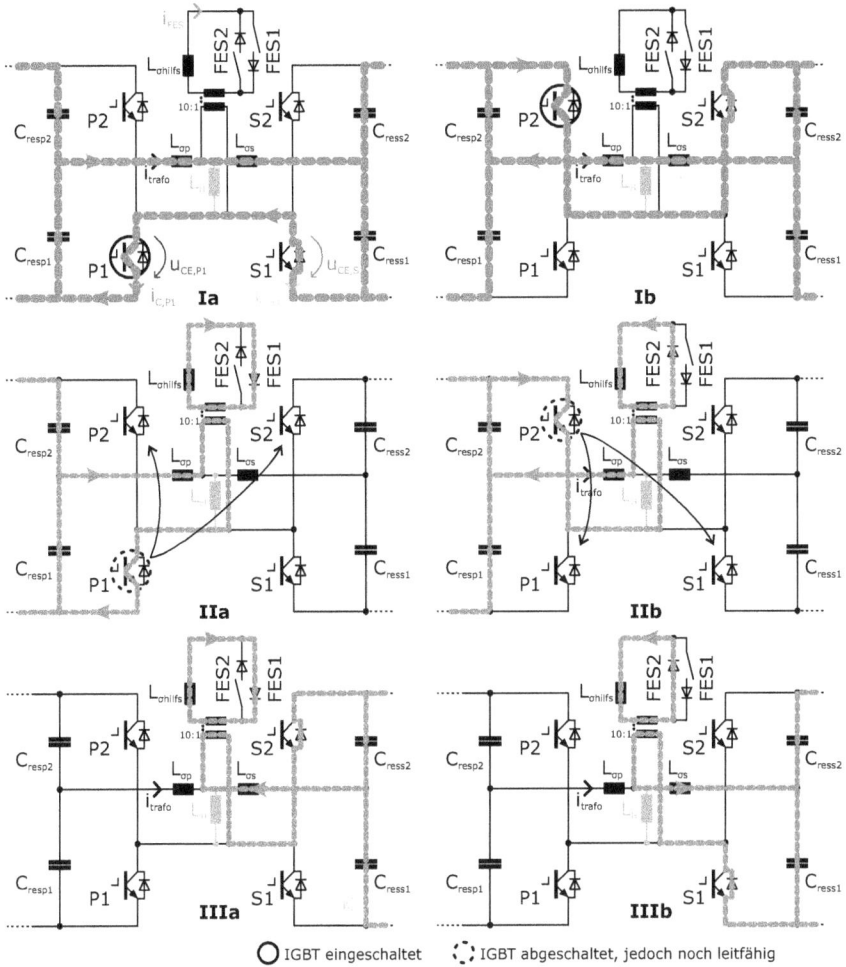

Abbildung 3.37: Zeitlicher Verlauf der Strompfade und Kommutierungen in Abbildung 3.36

Über der Streuinduktivität der Hilfswicklung $L_{\sigma\text{hilfs}}$ fällt in diesem Abschnitt

$$u_{L_{\sigma\text{hilfs}}} = \frac{1}{10}(u_{\text{CE,S2}} - u_{C_{\text{ress2}}}) \approx -\frac{1}{10}u_{C_{\text{ress2}}} \tag{3.12}$$

ab und i_{FES} beginnt zu sinken. Da die Schalter FES1 und FES2 rückwärts sperrend ausgeführt sind, kann i_{FES} in diesem Abschnitt nicht negativ werden. Nach Ablauf der Wartezeit $T_{\text{v,FES,aus}}$ bei $t \approx 97\,\mu\text{s}$ kann daher FES1 stromlos abschalten.

52

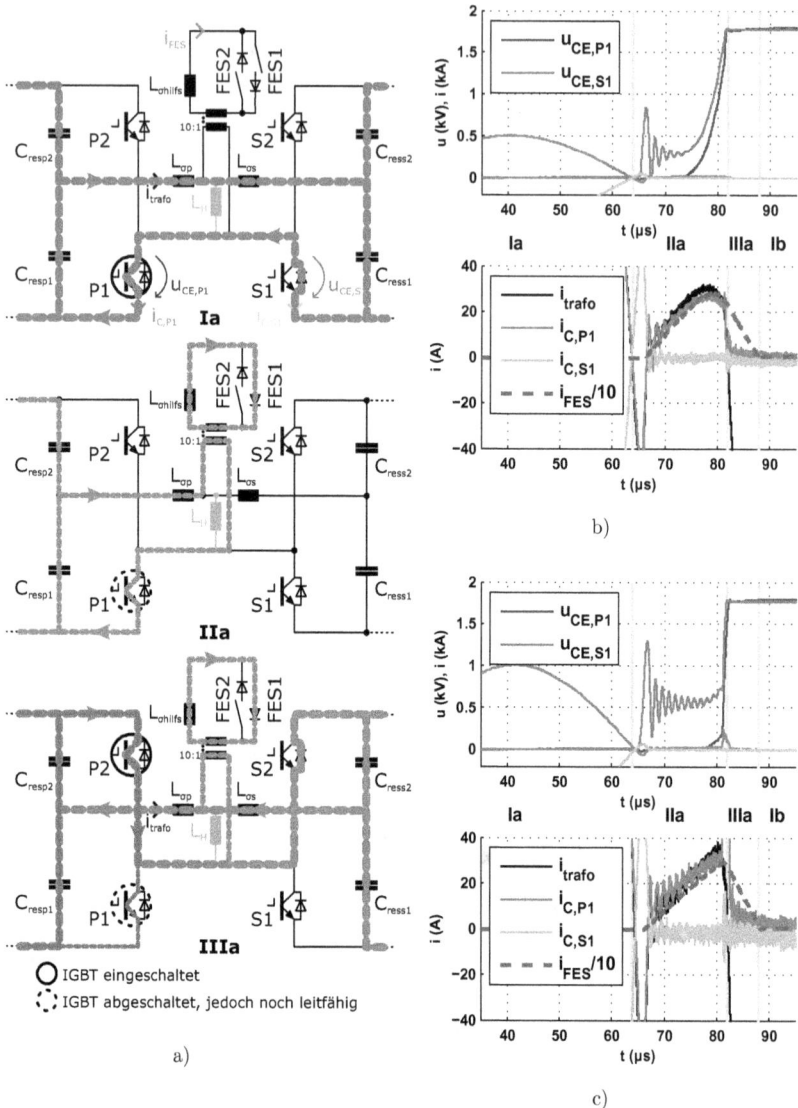

Abbildung 3.38: Nutzung der FES um IGBT P1 nach dem Abschalten auszuräumen, für den Fall hoher Resonanzströme. Dargestellt sind a) Kommutierungs- und Strompfade, b) Grenzfall zwischen geringem und hohem Resonanzstrom – d.h. kein Rekombinationsstrom tritt auf und c) hoher Resonanzstrom – nach dem Einschalten von P2 tritt ein Rekombinationsstrom auf (Infineon FZ1000R33HE3/T_j = 125 °C/U_{CE} = 1,8 kV/(a): $I_{C,P1,max}$ = 500 A, (b): $I_{C,P1,max}$ = 1000 A/C_{resp} = 25 µF/C_{ress} = 25 µF/T_{ED} = 46 µs/FES (L_s = 2 µH))

53

3.4.3 Einfluss der FES auf die Halbleiterverluste

Es wurde bereits gezeigt, dass der Einsatz der FES einen ähnlichen Effekt hat wie ein erhöhter Magnetisierungsstrom. Daher ist auch ein ähnlicher Effekt hinsichtlich der Reduzierung der Halbleiterverluste zu erwarten. Daneben fällt der Strom i_{FES} für kleine Resonanzströme sehr schnell zu Null und erzeugt damit ähnliche oder kleinere Zusatzverluste als der Magnetisierungsstrom. In Abbildung 3.39 sind zum Vergleich die Halbleiterverluste mit verringerter Hauptfeldinduktivität (ausgewählte Werte) und bei Einsatz der FES dargestellt.

Man erkennt, dass für kleine Resonanzströme die durch die FES hervorgerufenen Zusatzverluste gering sind. Die Halbleiterverluste sind vergleichbar oder niedriger als bei $L_H = 2\,\text{mH}$ und $L_H = 12\,\text{mH}$ und bleiben bis $I_{C,P1,max} = 750\,\text{A}$ ($I_{av} \approx 350\,\text{A}$) stets unterhalb der Verluste für $L_H = 1\,\text{mH}$. Allerdings steigen ab diesem Punkt die Halbleiterverluste bei Verwendung der FES stärker an als bei Nutzung einer verringerten Hauptfeldinduktivität.

Die Erklärung für dieses ungünstige Verhalten der FES kann in Abbildung 3.40 gefunden werden. Die Spannung an den Klemmen der Hilfswicklung entspricht (transformiert) der Spannung über der Primär- bzw. Sekundärwicklung des Transformators. In Abbildung 3.40 a) ist der geteilte Resonanzkondensator vereinfacht durch zwei Spannungsquellen und eine Ersatzkapazität dargestellt. Die Spannung über dem Transformator entspricht damit, bei eingeschaltetem IGBT P1

$$u_{\text{hilfs}} = u_p/2 - u_{C_{\text{resp}}} - u_{CE,P1} \approx u_p/2 - u_{C_{\text{resp}}}, \tag{3.13}$$

d.h. der halben primärseitigen Spannung $u_p/2$ abzüglich des Spannungsabfalls über dem Resonanzkondensator C_{resp}. Dieser Spannungsabfall ist abhängig vom Resonanzstrom, so dass sich der in Abbildung 3.40 b) dargestellte Verlauf der Spanung u_{hilfs} über der Hilfswicklung ergibt.

Da mit steigendem Resonanzstrom die Spannung der Hilfswicklung am Ende der Resonanzperiode sinkt, sinkt auch die Spannung über der Streuinduktivität $L_{\sigma\text{hilfs}}$ wenn der Schalter FES1 geschlossen wird. Damit ist die Stromanstiegsgeschwindigkeit di_{FES}/dt umso geringer, je höher der Resonanzstrom ist. Das wirkt sich vor allem für Resonanzströme $I_{C,P1,max} > 500\,\text{A}$ ($I_{av} \approx 235\,\text{A}$) aus.

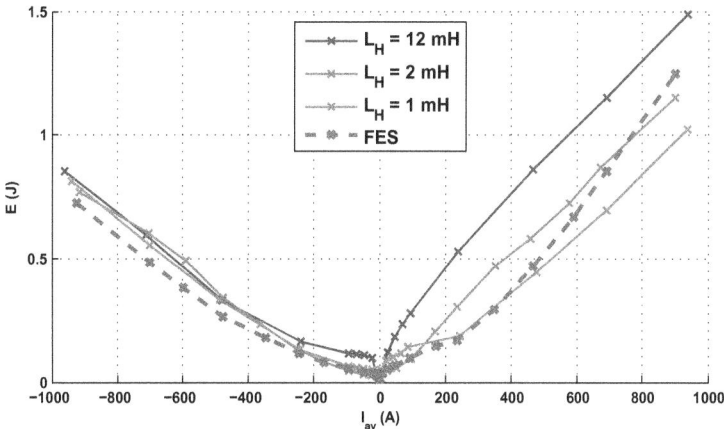

Abbildung 3.39: Darstellung der Verlustenergie E über dem mittleren Strom I_{av}, bei Variation L_H und Verwendung der FES für $T_{res}/2 = 46\,\mu\text{s}$ (Infineon FZ1000R33HE3/$T_j = 125\,°\text{C}/U_{CE} = 1,8\,\text{kV}/I_{C,P1,max} = -2\ldots2\,\text{kA}/C_{\text{resp}} = 25\,\mu\text{F}/C_{\text{ress}} = 25\,\mu\text{F}/T_{ED} = 46\,\mu\text{s}/L_H = 0,4/0,7/1/2/12\,\text{mH}/\text{FES}\ (L_s = 2\,\mu\text{H})$)

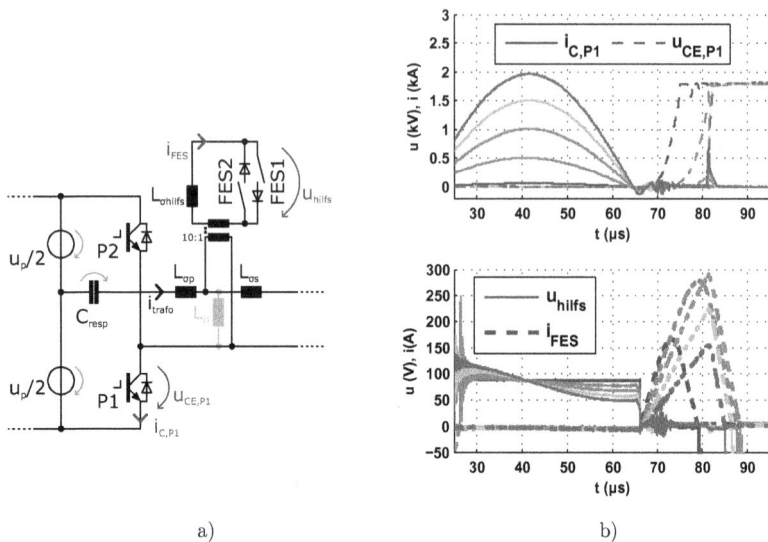

a)   b)

Abbildung 3.40: Veranschaulichung des Verhaltens der FES in Abhängigkeit des Resonanzstromes I_{max}, mit a) einem vereinfachten Ersatzschaltbild des Serienresonanzkonverters und b) Kollektorstrom $i_{C,P1}$, Kollektor-Emitterspannung $u_{CE,P1}$, Spannung über der Hilfswicklung u_{hilfs} und FES-Strom i_{FES} für verschiedene Resonanzströme I_{max}

negativ aus, da hier die N^--Basis des IGBT P1 durch den Strom i_{FES} nicht mehr komplett ausgeräumt werden kann.

Da die über eine Resonanzperiode gemittelte Spannung über der Ersatzkapazität C_{resp} Null ist, ist der Magnetisierungsstrom nicht vom Resonanzstrom I_{max} abhängig. Allein der Verlauf des Magnetisierungsstromes während, nicht jedoch dessen Höhe am Ende der Resonanzperiode, wird beeinflusst. Damit erklärt sich warum der Anstieg der Verlustenergie über dem Resonanzstrom für verringerte Hauptfeldinduktivität für hohe Resonanzströme flacher und näherungsweise linear ist, während bei Verwendung der FES der Anstieg mit steigendem Resonanzstrom steiler wird.

Einfluss der Streuinduktivität $L_{\sigma hilfs}$ des Trafos

Neben der Höhe der Spannung u_{hilfs} bei Aktivierung der FES, dargestellt in Abbildung 3.40, bestimmt auch die Streuinduktivität der Hilfswicklung $L_{\sigma hilfs}$ den Stromanstieg di_{FES}/dt. Dabei bedeutet eine geringere Streuinduktivität, dass der Strom schneller ansteigt und die IGBTs für hohe Resonanzströme effektiv ausgeräumt werden können. Allerdings treten für geringe Resonanzströme auch zusätzliche Kommutierungen auf. Dieses Verhalten ist vergleichbar mit dem bei erhöhtem Magnetisierungsstrom, jedoch sind bei Verwendung der FES die Zusatzverluste für geringe Resonanzströme kleiner.

Um den Zusammenhang zwischen Streuinduktivität der Hilfswicklung und Verlustenergie der IGBTs bei Verwendung der FES untersuchen zu können, wurde zu der sehr kleinen Streuinduktivität des Transformators[6] eine zusätzliche Induktivität L_s in Serie geschaltet. In Abbildung 3.41

---

[6]bei kurzgeschlossener Primärwicklung entspricht die in die Hilfswicklung gemessene Streuindukvitität nur etwa 0,2 µH.

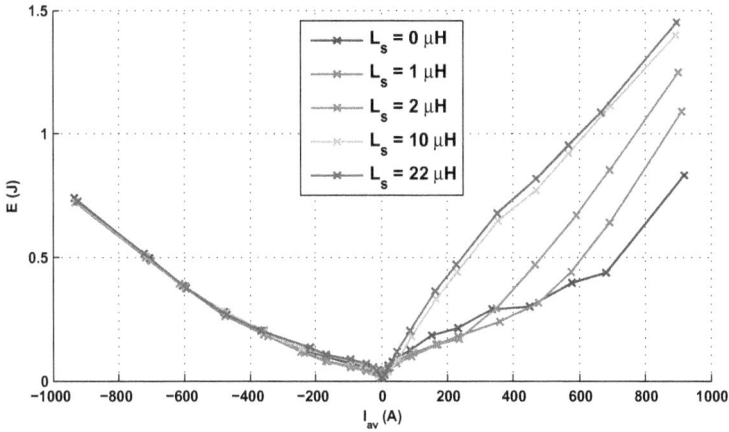

Abbildung 3.41: Darstellung der Verlustenergie E über dem mittleren Strom I_{av}, bei Verwendung der FES für verschieden große Streuinduktivitäten $L_{\sigma hilfs}$, wobei nur die zusätzlich eingebrachte Induktivität L_s angegeben ist (Infineon FZ1000R33HE3/T_j = 125 °C/U_{CE} = 1,8 kV/$I_{C,P1,max}$ = $-2\ldots2$ kA/C_{resp} = 25 µF/C_{ress} = 25 µF/T_{ED} = 46 µs/FES (L_s = 0,1,2,10,22 µH))

ist die Verlustenergie E in IGBT-Modul P1 über dem mittleren Resonanzstrom I_{av} dargestellt, wobei jeweils nur die zusätzlich eingebrachte Induktivität L_s angegeben ist.

Man erkennt, dass für sehr geringe Streuinduktivitäten im Bereich geringer Resonanzströme durch zusätzliche Kommutierungen verursachte Zusatzverluste auftreten. Für sehr große Streuinduktivitäten $L_s \geq 10$ µH ist die FES nur für sehr geringe Ströme wirksam, das Verhalten ist dem ohne FES mit $L_H = 12$ mH vergleichbar.

Verluste in der FES

Wegen der hohen Ströme durch die Schalter der FES, siehe z.B. Abbildung 3.40 b), treten dort nicht vernachlässigbare Verluste auf. Da die FES jedoch spannungslos ein- und stromlos ausgeschaltet (ZVS und ZCS) wird, können bei Verwendung von Mosfets Schaltverluste nahezu vernachlässigt werden. Mit dieser Vereinfachung können die Verluste in der FES abgeschätzt werden.

Beispielhaft soll hier eine Realisierung mit dem Leistungs-Mosfet-Modul SKM180A020 (200 V / 180 A) der Firma SEMIKRON angenommen werden. Um einen rückwärts sperrenden Schalter zu realisieren, kann für FES1 die Inversdiode von FES2 und umgekehrt verwendet werden[7]. Aus den Abbildungen 5 und 11 des Datenblatts [67] (für 125° C) lässt sich der Spannungsabfall über der eingeschalteten FES als Reihenschaltung des Mosfets mit einer Diode durch

$$u_{FES} = R_{DS,on}i_{fes} + v_{SD} = 19\,\text{m}\Omega\ i_{FES}\ +\ 1,7\,\text{m}\Omega\ i_{FES} + 0,66\,\text{V} \qquad (3.14)$$

abschätzen. Über die Integration von $p_{FES} = i_{FES} \cdot u_{FES}$ lässt sich die Verlustenergie E_{FES} pro Schaltperiode ermitteln. Äquivalent zu der Darstellung in Abbildung 3.41 lässt sich die Verlustenergie E_{FES} über dem mittleren Resonanzstrom I_{av} darstellen, siehe Abbildung 3.42. Dabei werden die Verluste E_{FES} immer jeweils nur positiven Werten von I_{av} zugeordnet. Für negative Werte von I_{av} führen die IGBTs der Sekundärseite den Resonanzstrom und werden

---

[7]In der hier vorgestellten, vereinfachten theoretischen Betrachtung werden die Reverse-Recovery-Verluste der Diode vernachlässigt

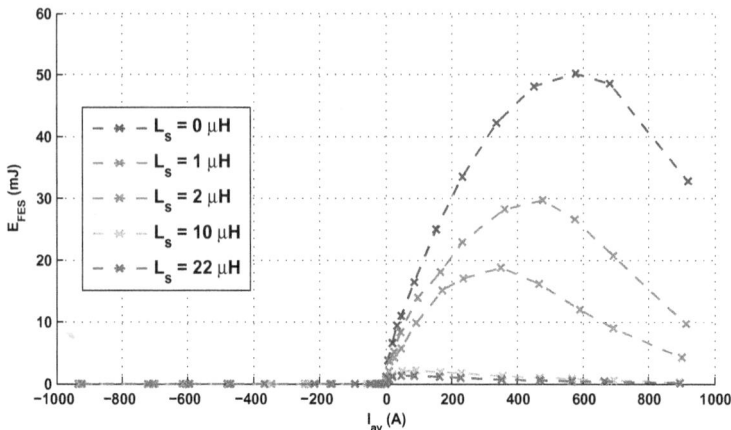

$L_s = 0\,\mu H$
$L_s = 1\,\mu H$
$L_s = 2\,\mu H$
$L_s = 10\,\mu H$
$L_s = 22\,\mu H$

Abbildung 3.42: Darstellung der in der FES auftretenden Verlustenergie E_{FES} über dem mittleren Strom I_{av} (Infineon FZ1000R33HE3/T_j = 125 °C/U_{CE} = 1,8 kV/$I_{C,P1,max}$ = $-2\ldots2$ kA/C_{resp} = 25 µF/C_{ress} = 25 µF/T_{ED} = 46 µs/FES (L_s = 0,1,2,10,22 µH))

entsprechend durch die FES ausgeräumt.

Man erkennt, dass die in der FES auftretenden Verluste deutlich kleiner als die in den IGBTs auftretenden sind, jedoch in ihrer Größenordnung nicht vernachlässigt werden dürfen. Je nach Dimensionierung und Betriebsweise des DC/DC-Konverters sowie je nach Parameterwahl der FES müssten andere oder mehrere parallele Mosfets verwendet werden. Vorteilhaft ist jedoch, dass die durch die FES erzeugten Zusatzverluste zwar die Gesamtverluste des DC/DC-Konverters erhöhen, die Verluste jedoch nicht in den IGBTs auftreten. Wird mit einer verringerten Hauptfeldinduktivität und bei Nutzung der FES in der sonst gleichen Konfiguration eine vergleichbare Konvertereffizienz erreicht, so würde im Falle der FES die Maximalleistung des Konverters höher liegen, da diese meist durch die maximal aus den IGBT-Modulen abführbare Verlustleistung begrenzt wird.

3.4.4   Einsatz der FES

Wird die FES eingesetzt, sinkt durch die zusätzlichen Bauelemente die Zuverlässigkeit des SRC. Dies ist der wesentliche Nachteil dieser Schaltungskonfiguration. Abhängig von der Art des Fehlers, führt ein Ausfall der FES nicht direkt zu einem Ausfall des SRC.

Im Fall eines Kurzschlussfehlers der FES fließt ein hoher Strom während der Resonanzperiode durch die Hilfswicklung, dessen Amplitude durch die Streuinduktivität der Hilfswicklung sowie durch die Schaltfrequenz und Zwischenkreisspannung des SRC bestimmt wird. Von Zusatzverlusten durch diesen zusätzlich fließenden Strom abgesehen, hat dieser Fehler keine Auswirkung auf die IGBTs des SRC. Sie werden nach dem Abschalten weiterhin durch die FES ausgeräumt. Der hohe Strom durch die FES während der Resonanzperiode kann zur Zerstörung der Bonddrähte der Halbleiter der FES und damit zu einem Leerlauffehler führen. Im Fall eines Leerlauffehlers werden die IGBTs des SRC nach dem Abschalten nicht mehr ausgeräumt, die FES ist ausgefallen. Dieser Fehler ist für den Betrieb kritischer.

Bleibt der Ausfall zeitlich begrenzt, kann der SRC so lange mit voller Leistung weiter betrieben werden, wie die Sperrschichttemperatur der betroffenen IGBTs nicht über den zulässigen Maximalwert (typischerweise 125 °C bzw. teilweise sogar 150 °C) steigt. Bei dauerhaftem Ausfall kann das betroffene Modul primärseitig überbrückt und sekundärseitig vom Zwischenkreis getrennt werden. Damit ist jedoch unter Umständen (bei Ausfall zweier Module) die Summenspannung der netzseitigen 4-QS nicht mehr groß genug, um den Netzstrom regeln zu können.

Als Alternative besteht die Möglichkeit, die Regelung der 4-QS so anzupassen, dass die Konverterleistung nicht mehr gleichmäßig auf die einzelnen Module aufgeteilt wird. Die Leistung des Moduls, in dem die FES ausgefallen ist, wird stark reduziert. Dadurch wird einerseits die Summenspannung der 4-QS nicht reduziert und andererseits überhitzen die IGBTs des SRC mit defekter FES nicht, jedoch sinkt die Maximalleistung des Konverters.

Eine falsche Ansteuerung der FES oder ein Vertauschen der Ansteuersignale hat auf die IGBTs des SRC die gleichen Auswirkungen wie ein Ausfall der FES: Während der Wechselrichtersperrzeit T_{WS} fließt kein Strom. Für die Halbleiterschalter der FES kann dieser Zustand kritisch sein: Problematisch sind nicht nur die auftretenden Ströme i_{FES}, die in ihrer Amplitude dem Kurzschlussstrom entsprechen. Kritischer sind Zustände, bei denen die Halbleiterschalter den Strom i_{FES} hart abschalten. Dadurch steigen die Ausschaltverluste der FES-Schalter stark an bzw. es treten hohe Ausschaltüberspannungen auf, die z.b. durch eine Zusatzbeschaltung (Snubber) begrenzt werden müssen.

3.4.5 Weiterentwicklung der FES

Die vorgestellte Variante der FES besticht vor allem durch ihre Einfachheit in Aufbau und Ansteuerung – und damit durch ihre relative Robustheit. Lässt man komplexere Schaltungen zu, kann die FES weiter optimiert werden.

In Abbildung 3.41 erkennt man, dass für geringe Resonanzströme eine FES-Konfiguration mit hoher Transformatorstreuinduktivität $L_{\sigma\mathrm{hilfs}}$ (bzw. zusätzlich eingebrachter Induktivität L_{s}) die geringsten Verluste auftreten und umgekehrt. In der untersuchten Konfiguration treten für $L_{\mathrm{s}} = 10\,\mu\mathrm{H}$ im Bereich bis $I_{\mathrm{C,P1,max}} \approx 50\,\mathrm{A}$ ($I_{\mathrm{av}} \approx 23\,\mathrm{A}$), für $L_{\mathrm{s}} = 2\,\mu\mathrm{H}$ im Bereich $I_{\mathrm{C,P1,max}} \approx 50\ldots500\,\mathrm{A}$ ($I_{\mathrm{av}} \approx 23\ldots235\,\mathrm{A}$), für $L_{\mathrm{s}} = 1\,\mu\mathrm{H}$ im Bereich $I_{\mathrm{C,P1,max}} \approx 500\ldots1000\,\mathrm{A}$ ($I_{\mathrm{av}} \approx 235\ldots470\,\mathrm{A}$) und darüber für $L_{\mathrm{s}} = 0\,\mu\mathrm{H}$ die jeweils geringsten Halbleiterverluste auf. Mit einer feineren Stufung ließen sich die jeweiligen Grenzen weiter optimieren.

Grundidee der weiterentwickelten FES ist, mehrere parallele Schalter zu verwenden, die jeweils über eine eigene Induktivität L_{sn} an die Hilfswicklung angeschlossen werden. Für den Schalter FES1 ist dieses Prinzip in Abbildung 3.43 dargestellt. Die Induktivitäten L_{sn} können

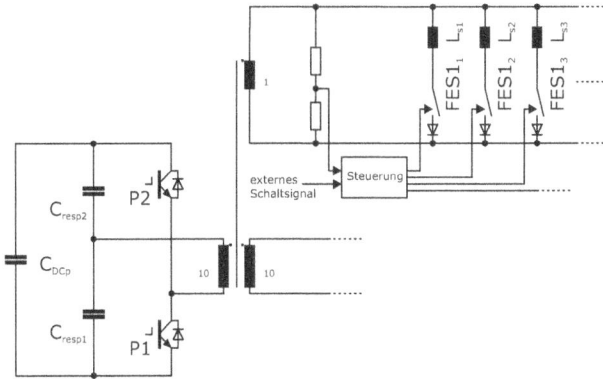

Abbildung 3.43: Weiterentwicklung der FES mit komplexerer Ansteuerung

auch in den Transformator als eigene Hilfswicklungen mit jeweils definierter Streuinduktivität integriert werden.

Die Ansteuerung der Schalter erfolgt nun abhängig vom Resonanzstrom. Um dabei auf eine Messung des Stromes in der Hauptwicklung des Transformators verzichten zu können, wird statt dessen die Spannung an der Hilfswicklung gemessen, die sich entsprechend Abbildung 3.40 proportional mit dem Resonanzstrom ändert. Bei hohen Resonanzströmen werden mehr Schalter $FES1_n$ geschlossen als bei niedrigen. Damit lässt sich der unerwünschte Effekt der Abhängigkeit des Stromanstieges di_{FES}/dt vom Resonanzstrom I_{av} kompensieren oder sogar umkehren. Mit einer optimierten Ansteuerung der erweiterten FES ließe sich so für einen weiten Resonanzstrombereich das Ausräumverhalten entsprechend Abbildung 3.38 b) erreichen. Positiver Nebeneffekt dieser Konfiguration wäre, dass sich der Strom i_{FES} sehr einfach gleichmäßig auf mehrere Schalter aufteilen ließe.

Kapitel 4

Auslegung des DC/DC-Konverters für die Mittelfrequenztopologie

Ziel des ersten Abschnittes dieses Kapitels ist es herauszufinden, mit welcher der in Kapitel 3 beschriebenen Schaltungskonfigurationen in den IGBTs des Serienresonanzkonverters bei Einsatz in der MF-Topologie die geforderte Konverterleistung von 3 MW am energieeffizientesten realisiert werden kann. Dazu wird zunächst ein vereinfachtes Simulationsmodell abgeleitet, mit dem sich die Stromverläufe in den IGBTs nachbilden lassen. Dabei werden für die verschiedenen Konfigurationen die maximal erreichbaren Konverterleistungen bestimmt, d.h. die Konverterleistung ab der sich die Verlustleistung nicht mehr aus den IGBT-Modulen abführen lässt. Dass sich mit keiner der untersuchten Konfigurationen, bei denen 6,5 kV IGBTs zum Einsatz kommen, die volle geforderte Konverterleistung von 3 MW erreichen lässt, ist eines der wichtigsten Ergebnisse dieser Arbeit. Als Alternativen werden in den darauf folgenden Abschnitten Varianten untersucht, mit denen der Serienresonanzkonverter bei alleiniger Verwendung von 3,3 kV IGBTs realisiert werden kann. Prinzipiell kommen dabei primärseitig eine 3-Level Neutral Point Clamped Topologie als auch eine Reihenschaltung von Halbbrücken in Frage, wobei Vor- und Nachteile dieser beiden Realisierungsmöglichkeiten diskutiert werden.

4.1 Bewertung der Schaltungsvarianten anhand eines Fahrspiels

4.1.1 Ableitung des Simulationsmodells eines Moduls

Um die Halbleiterverluste in den DC/DC-Konvertern der MF-Topologie abschätzen zu können, müssen die experimentell gewonnenen Verlustfunktionen (Verlustenergie pro Schaltpuls E als Funktion des Resonanzstromes I_{av}) mit simulativ ermittelten Stromverläufen in den Halbleiterschaltern verknüpft werden. Dabei ist es zu aufwändig, bei jeder Variation eines Parameters das Gesamtsystem zu simulieren, weshalb das stark vereinfachte Simulationsmodell in Abbildung 4.1 verwendet werden soll. Mit der Simulation einer Netzperiode bei einer bestimmten Leistung kann dann die mittlere Verlustleistung in den Halbleitern berechnet werden.

Der 4-QS wird durch eine gepulste Stromquelle ersetzt, deren Pulsmuster im folgenden Abschnitt abgeleitet wird. Da im Gesamtsystem die Spannung des Zwischenkreises durch einen übergeordneten Regelkreis unabhängig von der Traktionsleistung auf einen konstanten Wert geregelt wird, kann der Zwischenkreiskondensator in guter Näherung für die Simulation durch eine Spannungsquelle ersetzt werden.

Modellierung des 4-QS

Zunächst wird nur der Grundschwingungsanteil, bezogen auf die Netzfrequenz, der netzseitigen Größen u_{netz}, u_{MF}, i_{netz} und i_{MF} betrachtet. Diese werden mit $U_{\mathrm{netz,1}}$, $U_{\mathrm{MF,1}}$, $I_{\mathrm{netz,1}}$ und $I_{\mathrm{MF,1}}$

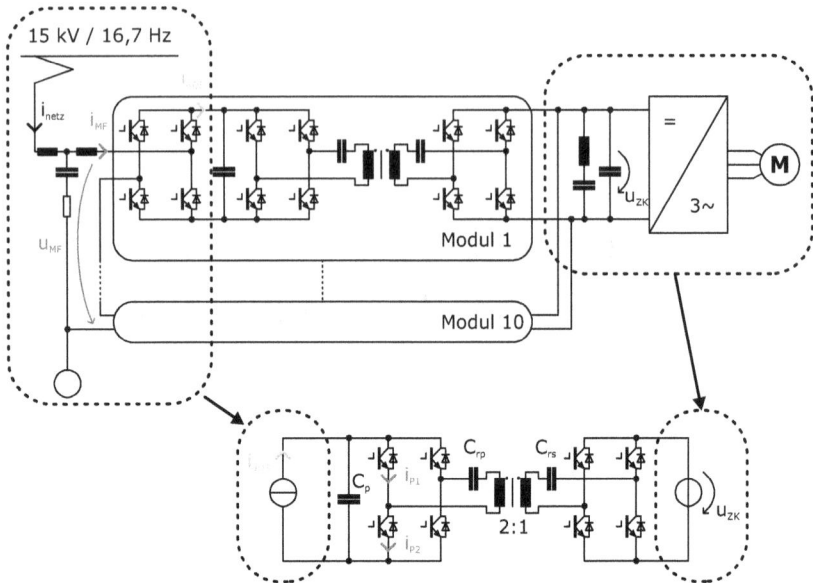

Abbildung 4.1: Aus der Gesamtschaltung abgeleitetes Modell eines einzelnen Moduls

bezeichnet, um zu verdeutlichen, dass es sich jeweils um den Effektivwert des Grundschwingungsanteils handelt. Damit lässt sich aus Abbildung 4.1 das vereinfachte Erstzschaltbild in Abbildung 4.2 ableiten. Für den LCL-Filter gilt $L_{f1} = L_{f2} = 12{,}5\,\text{mH}$, $C_f = 1\,\mu\text{F}$ und $R_f = 22\,\Omega$. Unter der Vorgabe einer aus dem Traktionsnetz zu entnehmenden Leistung P_{netz} und der Einschränkung, dass Netzspannung $U_{\text{netz},1}$ und Netzstrom $I_{\text{netz},1}$ in Phase sein müssen, lässt sich die erforderliche Spannung $U_{\text{MF},1}$ berechnen. In Abbildung 4.2 b) sind die Zeigerdiagramme von Netzspannung $U_{\text{netz},1}$ und -strom $I_{\text{netz},1}$ sowie die Summenspannung aller 4-QS $U_{\text{MF},1}$ und des sich ergebenden Stromes $I_{\text{MF},1}$ dargestellt.

Unter der vereinfachenden Annahme, dass nur der Grundschwingungsanteil $I_{\text{MF},1}$ weiter betrachtet wird, ist der so berechnete Strom i_{MF} Eingangsgröße im in Abbildung 4.3 dargestellten Simulationsmodell. Mit diesem Modell wird der gepulste Strom i_{4QS} berechnet, der wiederum Eingangsgröße für die Simulation des DC/DC-Konverters ist. Je nach Schalterstellung des 4-QS ist $i_{4QS} = i_{\text{MF}}$ (1,0), $i_{4QS} = -i_{\text{MF}}$ (0,1) oder $i_{4QS} = 0$ (1,1), (0,0).

Zur Berechnung der Schalterstellungen wird der später einzusetzende Modulator verwendet, der die Anzahl der einzuschaltenden Module aus einem PWM-Signal mit mehreren, jeweils um einen Betrag gegeneinander verschobenen, dreieckförmigen Trägersignalen (Level-Shifted PWM) berechnet. Ein Zustandsautomat wählt anschließend die zu schaltende Halbbrücke der 4-QS aus. Eine detaillierte Beschreibung des Modulators ist in [68] zu finden, dessen Autor das hier verwendete Simulationsmodell des Modulators zur Verfügung gestellt hat.

Im hier untersuchten Fall ist die berechnete Spannung u_{MF}, bei der wiederum nur der Grundschwingungsanteil $U_{\text{MF},1}$ betrachtet wird, die Eingangsgröße des Modulators. Die Gesamtschaltfrequenz (Frequenz der Trägersignale) des Modulators wurde auf 8 kHz festgelegt. Im betrachteten Konverter werden bei einer Netzspannung von 15 kV insgesamt 10 Module verwendet. Da es möglich sein muss, den Konverter auch bei Ausfall eines Moduls zu betreiben, werden für die weitere Untersuchung 9 Module angenommen.

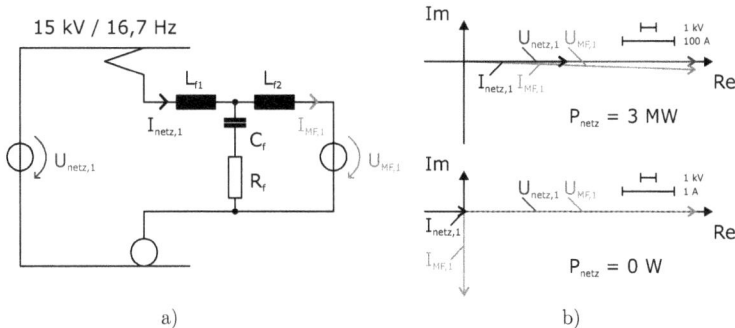

Abbildung 4.2: a) Modell zur Berechnung der benötigten Spannung $U_{\mathrm{MF},1}$ und des sich ergebenden Stromes $I_{\mathrm{MF},1}$ für eine vorgegebene Netzleistung und b) Zeigerdiagramme für zwei verschiedene Netzleistungen

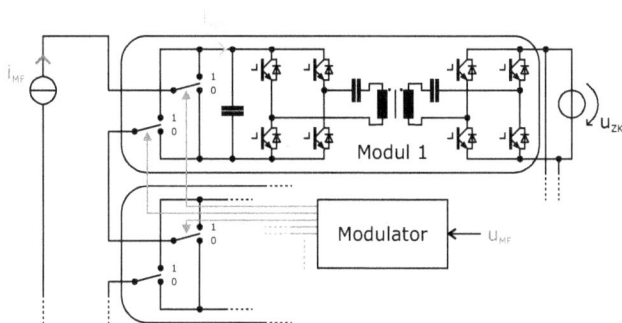

Abbildung 4.3: Modell zur Berechnung des Stromes $i_{4\mathrm{QS}}$ aus den zuvor berechneten Werten u_{MF} und i_{MF}

Mit der beschriebenen Methode lässt sich der gesuchte Strom $i_{4\mathrm{QS}}$ für jedes Modul $1\ldots9$ berechnen. Dieser Strom stellt die Eingangsgröße für die Simulation der DC/DC-Konverter dar.

Modellierung des Serienresonanzkonverters

Für den DC/DC-Konverter werden die gegenwärtig für den späteren Einsatz in der MF-Topologie geplanten Werte verwendet. Dabei ist $C_{\mathrm{p}} = 600\,\mu\mathrm{F}$ und der Transformator ist dem im Teststand verwendeten ähnlich, vgl. Tabelle 3.1 (Seite 20) in Abschnitt 3.2. Die Primärseite besteht jedoch aus 20 Windungen, womit die bei kurzgeschlossener Sekundärseite in die Primärseite hinein gemessene Streuinduktivität um den Faktor 4 höher ist. Für die Simulation wird die Hauptfeldinduktivität vernachlässigt, siehe z.B. Abbildung 3.15 (Seite 31). Damit wird allein der Resonanzstrom simuliert, was dem mit $I_{\mathrm{max}} = \frac{1}{2}\mathrm{max}(i_{\mathrm{C,P1}} - i_{\mathrm{C,S1}})$ berechneten Maximalstrom der Messungen im Teststand entspricht. Die Resonanzkondensatoren $C_{\mathrm{rp}} = \frac{1}{4}C_{\mathrm{rs}}$ werden so bestimmt, dass die Resonanzfrequenz in der Simulation der bei der Messung im Teststand verwendeten entspricht.

Die Modellierung der Halbleiter ist komplexer. Wie bereits in Abschnitt 3.1 beschrieben und in Abbildung 3.2 b) (Seite 19) dargestellt, verhält sich der ungesteuerte DC/DC-Konverter für Frequenzanteile kleiner als die Schaltfrequenz wie ein schwingungsfähiges System zweiter

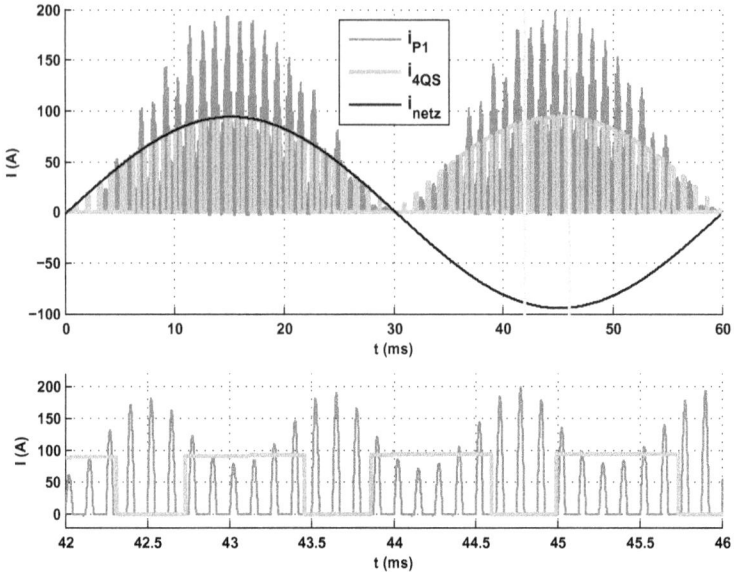

Abbildung 4.4: Strom durch IGBT-Modul P1 i_{P1} und berechneter Strom i_{4QS} für eine Netzleistung $P_{netz} = 1\,\mathrm{MW}$, simuliert mit dem in Abbildung 4.1 abgeleiteten Simulationsmodell für $T_{ED} = 46\,\mathrm{\mu s}$

Ordnung. Bereits in [23] und [56] wurde der dämpfende Einfluss des Spannungsabfalls der Halbleiterschalter im Durchlassbereich gezeigt. Typischerweise kann dieser vereinfacht über eine Konstantspannung und einen resistiven Anteil $u_{CE} = U_{CE0} + r_{CE}\,i_C$ beschrieben werden.

Sinnvolle Werte für U_{CE0} und r_{CE} aus den durchgeführten Versuchen abzuleiten ist jedoch sehr schwierig, wie z.B. in Abbildung 3.29 (Seite 46) in Abschnitt 3.3.4 zu erkennen ist. Um die Komplexität der Simulation nicht unverhältnismäßig zu erhöhen, werden aus den Datenblättern abgeleitete Werte verwendet (z.B. $U_{CE0} = 1.95\,\mathrm{V}$ und $r_{CE} = 3.5\,\mathrm{m\Omega}$ für einen 6,5 kV / 500 A IGBT [63]). Die jeweiligen Inversioden werden äquivalent modelliert. Das erlaubt die Verwendung eines einfaches Modells, wobei die Dämpfung des System tendenziell etwas zu klein ist[1]. In Abbildung 4.4 sind beispielhaft für eine Leistung $P_{netz} = 1\,\mathrm{MW}$ und 9 aktive Module der Strom i_{4QS} sowie der Strom i_{P1} (für $T_{ED} = 46\,\mathrm{\mu s}$) dargestellt.

4.1.2 Berechnung der Verlustleistung der Halbleiter

Bei einer Schaltfrequenz von $f_s = 8\,\mathrm{kHz}$ fließen pro Netzperiode durch jeden Halbleiterschalter etwa 480 Strompulse. Die Höhe dieser Strompulse wird für jeden Schalter wie beschrieben für verschiedene Netzleistungen P_{netz} und Resonanzfrequenzen (bzw. Einschaltdauern der IGBTs T_{ED}) simulativ ermittelt, beispielhaft in Abbildung 4.4 dargestellt.

Jedem dieser etwa 480 Pulse wird eine, aus den Experimenten im Teststand gewonnene, Verlustenergie zugewiesen. Damit kann für jeden IGBT, für jeweils eine spezielle Schaltungskonfiguration, die über eine Netzperiode gemittelte Verlustleistung berechnet werden. In Abbildung

---

[1] Da der Spannungsabfall u_{CE} im Durchlassbereich typischerweise größer als der über $u_{CE} = U_{CE0} + r_{CE}\,i_C$ berechnete ist, vgl. vor allem Abbildung 3.29 (Seite 46) und Abbildung 3.30 b) (Seite 47)

4.5 ist die so berechnete mittlere Verlustleistung für je drei verschiedene Konfigurationen auf der a) Primär- und b) Sekundärseite dargestellt. Beispielhaft wurden dabei Varianten mit verschiedenen Hauptfeldinduktivitäten ($L_H = 1\,\text{mH}$ und $L_H = 2\,\text{mH}$) und eine Variante bei der die FES ($L_s = 1\,\mu\text{H}$) zum Einsatz kommt, gewählt. In allen Fällen ist $T_{ED} = 46\,\mu\text{s}$. Auf der Primärseite wird ein 6,5 kV, auf der Sekundärseite ein 3,3 kV IGBT Modul verwendet.

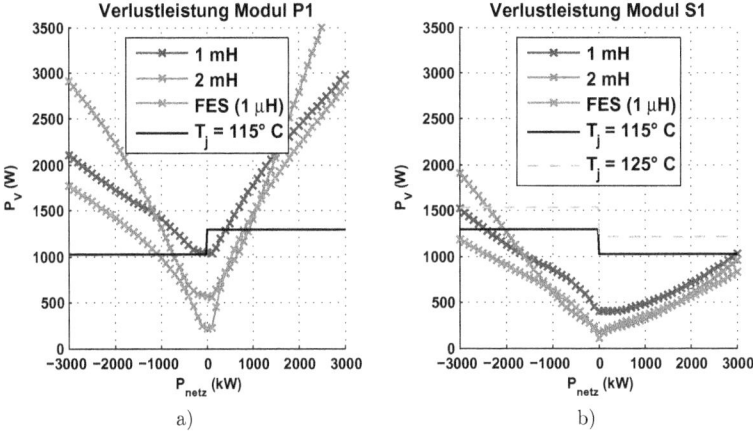

Abbildung 4.5: Für ein Modul auf der a) Primär- und b) Sekundärseite berechnete, über eine Netzperiode gemittelte Verlustleistung mit eingezeichneter maximal abführbarer Verlustleistung (a: Infineon FZ500R65KE3/T_j = 125 °C/U_{CE} = 3,6 kV/C_{resp} = 25 μF/C_{ress} = 25 μF/T_{ED} = 46 μs/L_H = 2/1 mH, FES (L_s = 1 μH), b: Infineon FZ1000R33HE3/T_j = 125 °C/U_{CE} = 1,8 kV/C_{resp} = 25 μF/C_{ress} = 25 μF/T_{ED} = 46 μs/L_H = 2/1 mH, FES (L_s = 1 μH))

In die Graphen mit eingezeichnet ist die maximal aus einem Modul abführbare Verlustleistung[2], wenn eine mittlere Sperrschichttemperatur von 115 °C (schwarz, —) zugelassen werden kann. Dabei wird angenommen, dass sich die Verluste innerhalb eines Moduls gleichmäßig auf die Siliziumflächen der modulinternen Dioden- bzw. IGBT-Chips eines Schalters verteilen. Da innerhalb eines Moduls die Siliziumfläche der IGBTs größer als die der Dioden ist, ist die maximal zulässige Verlustleistung bei gleicher Sperrschichttemperatur für die IGBTs höher als für die Dioden.

Vereinfacht betrachtet leiten im motorischen Betrieb ($P_{netz} > 0$) die IGBTs, im generatorischen ($P_{netz} < 0$) die Dioden auf der Primär- und entsprechend umgekehrt auf der Sekundärseite[3]. Damit wird ersichtlich, dass bei Verwendung des gezeigten 6,5 kV IGBTs auf der Primärseite keine Konfiguration gefunden werden kann, mit der die Leistung P_{netz} über etwa 1 MW erhöht werden kann. In Tabelle 4.1 ist jeweils die maximal erreichbare Leistung P_{netz} für ein IGBT-Modul mit zugehörigen Schaltungsparametern zusammengefasst. Dabei wurden alle Varianten, bei denen bei $P_{netz} = 0$ bereits die maximal abführbare Verlustleistung überschritten wurde, vernachlässigt.

Deutlich erkennbar ist, dass mit den untersuchten IGBT-Modulen die MF-Topologie, selbst bei Verwendung stark bestrahlter IGBTs und bei Einsatz der FES, nicht mit der geforderten Leistung $P_{netz} = 3\,\text{MW}$ realisiert werden kann. Im Gegensatz dazu wird die maximal zulässige

---

[2]basierend auf einem von Bombardier erstellten, thermischen Modell des Moduls und des Kühlkörpers [69]

[3]wobei durch die hohe Phasenverschiebung zwischen u_{MF} und i_{MF} um $P_{netz} \approx 0$ sowohl Dioden als auch IGBTs leiten; damit könnte an dieser Stelle eine etwas höhere Verlustleistung abgeführt werden, was für die weitere Betrachtung jedoch unerheblich ist.

Leistung weniger stark durch die auf der Sekundärseite eingesetzten 3,3 kV IGBTs begrenzt. Daneben ist die im Datenblatt der hier verwendeten IGBTs [64] angegebene maximale Sperrschichttemperatur mit $T_{\mathrm{vj,op}} = 150\,^{\circ}\mathrm{C}$ höher als bei anderen Modulen (üblicherweise $125\,^{\circ}\mathrm{C}$), so dass die maximale mittlere Sperrschichttemperatur um $10\,\mathrm{K}$ höher gewählt werden kann, in Abbildung 4.5 b) grau (- -) eingezeichnet.

Tabelle 4.1: Maximal erreichbare Leistung P_{netz} für 6,5 kV / 500 A IGBT-Typen, $T_{\mathrm{j}} = 115\,^{\circ}\mathrm{C}$

IGBT-Typ	Parameter	$P_{\mathrm{netz,min}}$	$P_{\mathrm{netz,max}}$
FZ500R65KE3	$T_{\mathrm{ED}} = 37\,\mu\mathrm{s}$, $L_{\mathrm{H}} = 2\,\mathrm{mH}$	$-1418\,\mathrm{kW}$	$1038\,\mathrm{kW}$
FZ500R65KE3	$T_{\mathrm{ED}} = 46\,\mu\mathrm{s}$, $L_{\mathrm{H}} = 2\,\mathrm{mH}$	$-735\,\mathrm{kW}$	$915\,\mathrm{kW}$
FZ500R65KE3	$T_{\mathrm{ED}} = 46\,\mu\mathrm{s}$, FES ($L_{\mathrm{s}} = 1\,\mu\mathrm{H}$)	$-1084\,\mathrm{kW}$	$817\,\mathrm{kW}$
FZ500R65KE3	$T_{\mathrm{ED}} = 37\,\mu\mathrm{s}$, FES ($L_{\mathrm{s}} = 1\,\mu\mathrm{H}$)	$-858\,\mathrm{kW}$	$686\,\mathrm{kW}$
stark bestrahlt	$T_{\mathrm{ED}} = 46\,\mu\mathrm{s}$, FES ($L_{\mathrm{s}} = 1\,\mu\mathrm{H}$)	$-1779\,\mathrm{kW}$	$507\,\mathrm{kW}$
stark bestrahlt	$T_{\mathrm{ED}} = 46\,\mu\mathrm{s}$, $L_{\mathrm{H}} = 2\,\mathrm{mH}$	$-1595\,\mathrm{kW}$	$461\,\mathrm{kW}$
FZ500R65KE3	$T_{\mathrm{ED}} = 46\,\mu\mathrm{s}$, $L_{\mathrm{H}} = 1\,\mathrm{mH}$	$0\,\mathrm{kW}$	$418\,\mathrm{kW}$
leicht bestrahlt	$T_{\mathrm{EED D}} = 46\,\mu\mathrm{s}$, FES ($1\,\mu\mathrm{H}$)	$-1785\,\mathrm{kW}$	$383\,\mathrm{kW}$
leicht bestrahlt	$T_{\mathrm{ED}} = 46\,\mu\mathrm{s}$, $L_{\mathrm{H}} = 2\,\mathrm{mH}$	$-1359\,\mathrm{kW}$	$299\,\mathrm{kW}$
FZ500R65KE3	$T_{\mathrm{ED}} = 37\,\mu\mathrm{s}$, $L_{\mathrm{H}} = 1\,\mathrm{mH}$	$0\,\mathrm{kW}$	$297\,\mathrm{kW}$
unbestrahlt	$T_{\mathrm{ED}} = 46\,\mu\mathrm{s}$, FES ($L_{\mathrm{s}} = 1\,\mu\mathrm{H}$)	$-2220\,\mathrm{kW}$	$257\,\mathrm{kW}$
unbestrahlt	$T_{\mathrm{ED}} = 46\,\mu\mathrm{s}$, $L_{\mathrm{H}} = 2\,\mathrm{mH}$	$-534\,\mathrm{kW}$	$157\,\mathrm{kW}$

Einfluss des 4-QS auf die Halbleiterverluste

Aufgrund des gesteuerten (ungeregelten) Betriebes des DC/DC-Konverters kann dessen Verhalten für Zeitkonstanten $\tau > T_{\mathrm{s}}$ entsprechend Abbildung 3.2 b) (Seite 19) aus Abschnitt 3.1 als schwingungsfähiges System zweiter Ordnung beschrieben werden. In Abbildung 4.6 ist dieses Ersatzschaltbild in das zuvor eingeführte Simulationsmodell eingesetzt. Man erkennt, dass der 4-QS durch seinen gepulsten Ausgangsstrom das System aus Ersatzinduktivität L_{ESB} und primärseitigem Zwischenkreiskondensator C_{p} anregt. Dabei wirken R_{ESB} und der Spannungsabfall über den Halbleitern $u_{\mathrm{HL,ESB}}$, in denen die dissipativen Elemente des SRC zusammengefasst sind, dämpfend.

Wird die Schaltfrequenz des 4-QS ungünstig gewählt, ist es möglich, dass Energie nicht nur von der Primär- zur Sekundärseite transportiert wird, sondern zurück schwingt. Damit wird zwar die Leistung P_{netz} nicht erhöht, jedoch treten durch die höheren Ströme mehr Verluste in den IGBT-Modulen auf. Um den Einfluss des 4-QS auf die Halbleiterverluste des DC/DC-Konverters zu untersuchen, wird das abgeleitete Simulationsmodell aus Abbildung 4.1 weiter vereinfacht: Als Modulator des 4-QS wird nun das in Abbildung 4.6 b) gezeigte Modell verwendet. Auf diese Weise wird der Einfluss des Zustandsautomaten des realen Modulators vernachlässigt, der Variationen in der effektiven Trägerfrequenz der einzelnen 4-QS Ansteuersignale verursachen kann[4]. In Abbildung 4.6 c) sind die Trägersignale Δ, das Eingangssignal des Modulators und der so berechnete Strom i_{QS} für eine Trägerfrequenz von $400\,\mathrm{Hz}$ und eine Leistung $P_{\mathrm{netz}} = 1\,\mathrm{MW}$ dargestellt.

Mit dem so vereinfachten Modell wird, äquivalent zu dem im vorhergehenden Abschnitt beschriebenen Vorgehen, der Strom durch das Modul P1 i_{P1} und mit diesem die dort auftretenden, über eine Netzperiode gemittelten Verluste berechnet. Dabei wird allein IGBT FZ500R65KE3 mit der vergleichsweise vorteilhaften Konfiguration $T_{\mathrm{ED}} = 46\,\mu\mathrm{s}$, $L_{\mathrm{H}} = 2\,\mathrm{mH}$ betrachtet. Nun wird jedoch eine konstante Leistung $P_{\mathrm{netz}} = 1\,\mathrm{MW}$ angenommen, variiert werden $C_{\mathrm{p}} = 400 \ldots 800\,\mu\mathrm{F}$ und die Trägerfrequenz der Referenzsignale $f_{\mathrm{4QS}} = 150 \ldots 550\,\mathrm{Hz}$.

---

[4]Daneben wird die Simulationszeit um ein Vielfaches verringert.

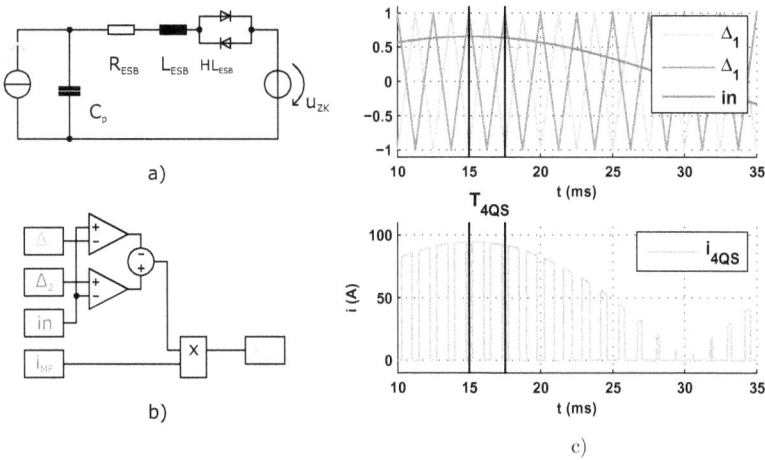

Abbildung 4.6: a) Simulationsmodell aus Abbildung 4.1 (Seite 61), wobei der DC/DC-Konverter durch sein Ersatzschaltbild entsprechend Abbildung 3.2 b) (Seite 19) aus Abschnitt 3.1 ersetzt wurde, b) schematische Darstellung des vereinfachten Modulators zur Berechnung von i_{4QS} und c) beispielhafte Darstellung der Verläufe des vereinfachten Modulators mit Identifikation von $T_{4QS} = 1/f_{4QS}$

Für vier Kombinationen von C_p und f_{4QS} ist in Abbildung 4.7 jeweils der Strom i_{4QS} und der Strom durch Modul P1 i_{P1} dargestellt. Man erkennt deutlich, dass die Oszillation der DC/DC-Konverterleistung mit sinkendem C_p und f_{4QS} zunimmt. Im Grenzfall treten negative Ströme i_{P1} auf, d.h. dass Energie von der Sekundär- zur Primärseite fließt.

In Abbildung 4.8 ist die Verlustleistung des Moduls P1 $P_{V,P1}$ als Fläche über C_p und f_{4QS} aufgetragen. Weiter ist schwarz der Grenzwert eingetragen, ab dem der minimal auftretende Strom in IGBT P1 kleiner als $-5\,A$, $\min(i_{P1}) < -5\,A$, ist. Man erkennt deutlich den Zusammenhang zwischen oszillierender Energie, für die $\min(i_{P1})$ ein gutes Maß ist, und der Verlustleistung.

Dieses Verhalten kann leicht mit dem in Abbildung 4.6 a) dargestellten Ersatzschaltbild erklärt werden. Mit den in [56] veröffentlichten Formeln kann der Wert von L_{ESB} zu etwa 120 μH abgeschätzt[5] werden. Für $C_p = 400\,μF$ liegt die Resonanzfrequenz (unter Vernachlässigung der Dämpfung) bei etwa

$$f_{res,ESB} = \frac{1}{2\pi\sqrt{L_{ESB}C_p}} \approx 726\,Hz. \tag{4.1}$$

Da i_{4QS} mit der doppelten Modulationsfrequenz $2\,f_{4QS}$ pulsiert, wird die Oszillation der DC/DC-Konverterleistung (für $C_p = 400\,μF$) am stärksten angeregt, wenn $f_{4QS} \approx 360\,Hz$ oder etwas darunter gewählt wird. Tatsächlich erkennt man in Abbildung 4.8, dass in diesem Bereich die Verlustleistung in Modul P1 $P_{V,P1}$ ein Maximum erreicht. Für andere Werte von C_p lässt sich ein ähnliches Verhalten erkennen.

Damit ist klar, dass die Schaltungs- und Betriebsparameter des 4-QS einen Einfluss auf die Verlustleistung des DC/DC-Konverters haben. DC/DC-Konverter und 4-QS können daher nicht getrennt voneinander betrachtet werden. Es ist notwendig, die beiden Schaltungsteile so zu betreiben, dass immer ein Betriebspunkt „rechts" des in Abbildung 4.8 schwarz eingezeichneten

---

[5]Für $T_{ED} = 46\,μs$ und den Daten des im Teststand eingesetzten Transformators, siehe Tabelle 3.1 (Seite 20).

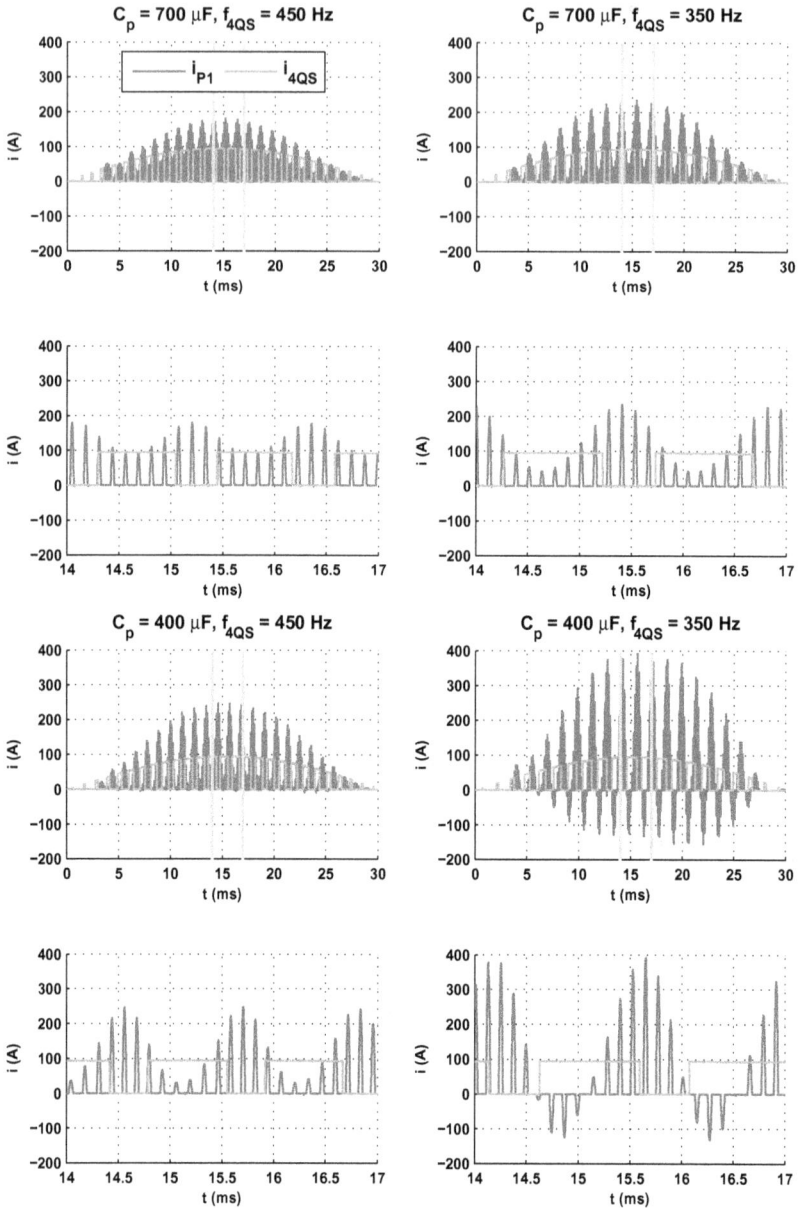

Abbildung 4.7: Ströme i_{4QS} und i_{P1} für $P_{\text{netz}} = 1\,\text{MW}$ für unterschiedliche C_{p} und f_{4QS}

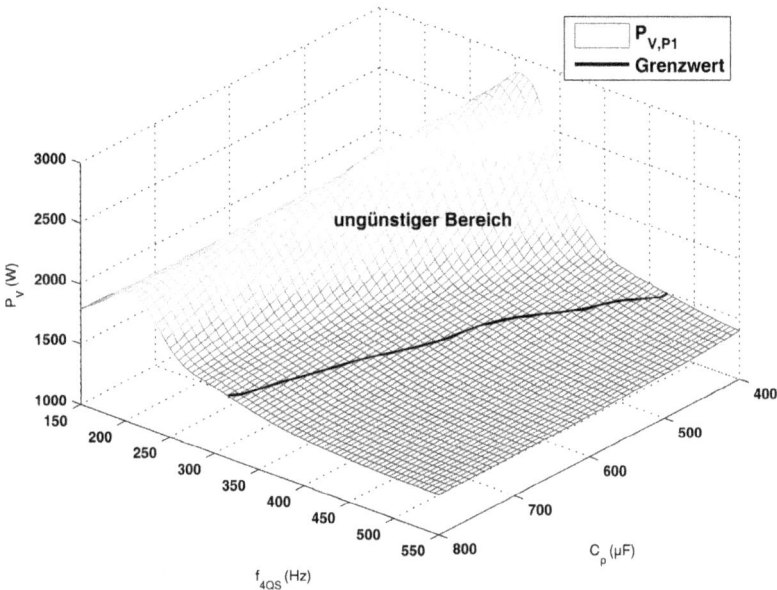

Abbildung 4.8: Mittlere Verlustleistung in einem primärseitigen IGBT-Modul (Infineon FZ500R65KE3/T_j = 125 °C/U_{CE} = 3,6 kV/C_{resp} = 25 µF/C_{ress} = 25 µF/T_{ED} = 46 µs/L_H = 2 mH) für P_{netz} = 1 MW bei Variation der Schaltfrequenz des 4-QS f_{4QS} und der Kapazität des primärseitigen Zwischenkreiskondensators C_p, schwarz ist der Grenzwert eingezeichnet, ab dem der minimal auftretende Strom in Modul P1 kleiner als −5 A ist

Grenzwertes erreicht werden kann. Die Möglichkeiten, das zu erreichen, können wie folgt zusammengefasst werden:

- Vergrößern der primärseitigen Zwischenkreiskapazität C_p. Damit wird effektiv die Resonanzfrequenz aus C_p und L_{ESB} verringert, was sich allerdings in der Baugröße des Kondensators widerspiegelt, die vor allem durch den verfügbaren Einbauraum begrenzt ist.

- Erhöhung der Schaltfrequenz des 4-QS, wobei dieser Vorgehensweise durch die maximal aus den IGBTs des 4-QS abführbare Verlustleistung physikalische Grenzen gesetzt sind.

- Erhöhung der Induktivität L_{ESB}; am effektivsten wird hierbei eine größere Streuinduktivität des Transformators gewählt. Ferner kann eine höhere Resonanzfrequenz des SRC-Resonanzkreises und damit eine größere Wechselrichtersperrzeit T_{WS} gewählt werden – womit sich die maximal auftretenden Ströme i_{P1} vergrößern. Dabei hat diese Methode den Nachteil, dass die Spannung des primärseitigen Kondensators C_p stärker schwankt.

- Durch die Halbleiterverluste kann die Oszillation der DC/DC-Konverterleistung so stark gedämpft sein, dass auch bei kleinen Werten von C_p und f_{4QS} kein Rückschwingen auftritt. Der Einfluss der Halbleiterverluste auf die Dämpfung $\delta = \frac{R_{ESB}}{2L_{ESB}}$ wächst mit sinkender Induktivität L_{ESB}. Auch der Spannungsabfall über die Halbleitern $u_{HL,ESB}$ wirkt einem Rückschwingen entgegen. Dabei wird der dämpfende Effekt mit sinkender Induktivität

L_{ESB} größer. Dieser Effekt wird ausführlich in [23] beschrieben, wobei dort jedoch ein Transformator mit kleinerer Streuinduktivität verwendet wird.

Bei einer Auslegung von C_p und des 4-QS sollten diese Aspekte Berücksichtigung finden, insbesondere wenn eine Modulationsfrequenz f_{4QS} nahe der Resonanzfrequenz der C_p-DC/DC-Konverter-Konfiguration gewählt wird.

4.1.3 Alleinige Verwendung von 3,3 kV IGBTs

Mit den in Tabelle 4.1 in Abschnitt 4.1.2 gezeigten Konfigurationen ist es nicht möglich, die Konverterleistung der MF-Topologie über $P_{netz} \approx 1\,MW$ zu erhöhen. Das gilt selbst bei einer Änderung der ursprünglich gewählten Parameter des 4-QS und des primärseitigen Zwischenkreiskondensators C_p, wie aus Abbildung 4.8 abgelesen werden kann.

Die Konverterleistung wird dabei durch die maximal aus den primärseitig eingesetzten 6,5 kV IGBTs abführbare Verlustleistung von etwa 1,30 kW (bzw. 1,03 kW im Rückspeisebetrieb) begrenzt. Betrachtet man allein die auf der Sekundärseite verwendeten 3,3 kV IGBTs, könnte eine höhere Konverterleistung erreicht werden. Beispielsweise kann bereits mit den in Abbildung 4.5 b) gezeigten IGBTs bei Einsatz der FES und für $L_H = 1\,mH$ die MF-Topologie im geforderten Leistungsbereich bis $P_{netz} = 3\,MW$ betrieben werden.

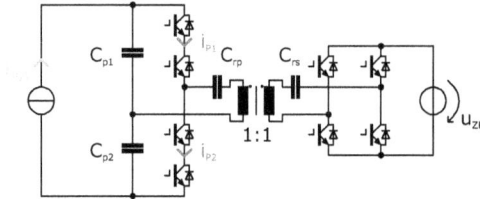

Abbildung 4.9: Alternative Realisierung des DC/DC-Konverters, bei der nur 3,3 kV IGBTs eingesetzt werden

Aus diesem Grund ist es sinnvoll, alternative Topologien zu untersuchen, bei denen im Serienresonanzkonverter allein 3,3 kV IGBTs zum Einsatz kommen. Dabei sollte weder die Anzahl der MF-Module noch die Anzahl der aktiven Schalter bzw. deren Siliziumfläche (und damit deren Baugröße) im DC/DC-Konverter erhöht werden. Bei Einhaltung dieser grundlegenden Randbedingungen muss der Bauraum nicht wesentlich vergrößert werden und die Zuverlässigkeit (die bei aktiven Halbleiterschaltern häufig durch die Ansteuerung, also die IGBT-Gate Drive Units, begrenzt wird) wird nicht wesentlich verringert. Damit verbietet sich eine Lösung mit 3,3 kV IGBTs in einer Vollbrückenkonfiguration äquivalent zur bisher betrachteten Variante. Alternativ kann ein 6,5 kV IGBT durch eine Serienschaltung ersetzt werden, wobei dann – um die Anzahl der eingesetzten aktiven Halbleiter nicht zu erhöhen – auf der Primärseite eine Halbbrückenkonfiguration eingesetzt werden muss. Diese Lösung ist in Abbildung 4.9 dargestellt. Dabei werden zunächst entsprechende Zusatzschaltungen, die in der Realität für den Betrieb der Schaltung notwendig sind um eine symmetrische Spannungsaufteilung der IGBTs beim Schalten und im Sperrzustand zu erreichen sowie dort entstehende Verluste vernachlässigt. Das Simulationsmodell aus Abbildung 4.1 wird nun entsprechend Abbildung 4.9 angepasst. Die Ströme i_{P1} und i_{P2} erhöhen sich mit dieser Topologie nicht nur auf die jeweils doppelten Werte, auch der prinzipielle Verlauf ändert sich geringfügig. Entsprechend dem zuvor beschriebenen Vorgehen können mit den neu gewonnenen Simulationsergebnissen die über eine Periode gemittelten Verluste in einem IGBT-Modul berechnet werden. In Abbildung 4.10 sind die mittleren Verlustleistungen für unterschiedliche IGBT-Module bei verschiedenen Konfigurationen dargestellt.

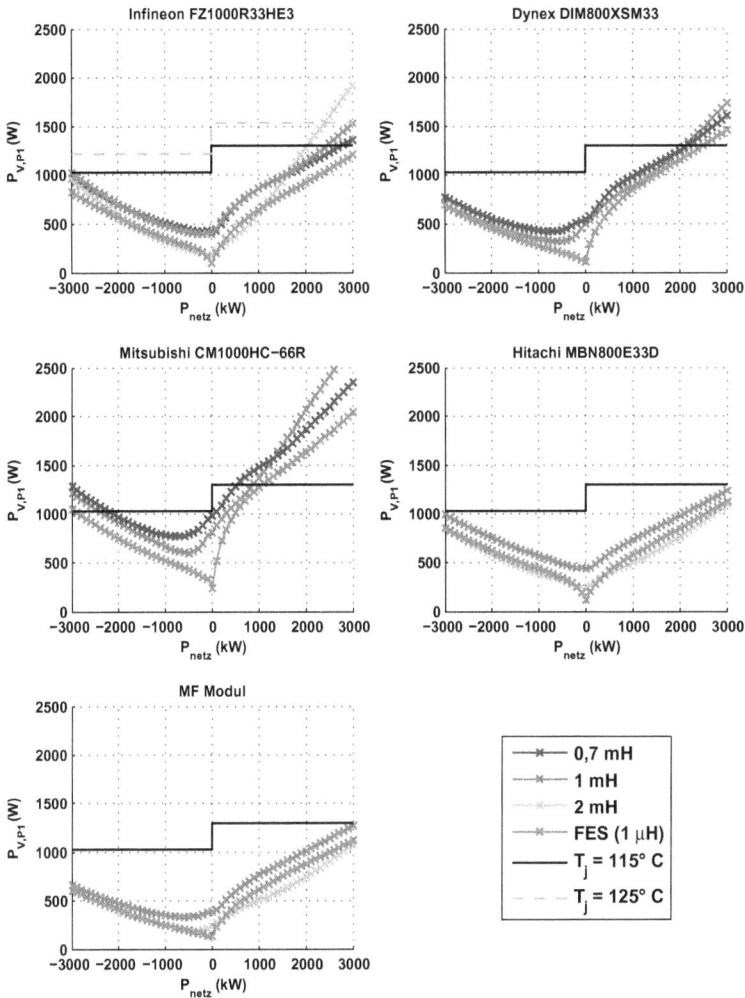

Abbildung 4.10: Über eine Netzperiode gemittelte Verlustleistung P_V des IGBT-Moduls P1 für die in Abbildung 4.9 gezeigte Realisierung des DC/DC-Konverters bei Verwendung verschiedener IGBT-Module ($T_j = 125\,°C/U_{CE} = 1{,}8\,kV/C_{resp} = 25\,\mu F/C_{ress} = 25\,\mu F/T_{ED} = 46\,\mu s/L_H = 0{,}7/1/2\,mH$, FES ($L_s = 1\,\mu H$))

Man erkennt, dass die IGBT-Module von Infineon und Hitachi in den gezeigten Konfigurationen am geeignetsten für die MF-Topologie eingesetzt werden können. Während bei Einsatz des Moduls von Mitsubishi die Verluste generell zu hoch liegen, ist erkennbar, dass im Rückspeisebetrieb die Verluste des Dynex IGBT-Moduls am geringsten sind. Das heißt, dass obwohl die IGBTs des Dynex Moduls vergleichsweise hohe Verluste erzeugen, die Dynex-Diode für den Einsatz in der MF-Topologie mit am besten geeignet ist.

Auf diesen Erkenntnissen basierend, wurde ein Modul mit einem speziell für die MF-Topologie angepassten IGBT- und Dioden-Chipdesign entwickelt (MF Modul), siehe Abbildung 4.10 links unten. Mit diesem Modul treten insgesamt die geringsten Verluste auf. Allerdings ist die maximal abführbare Verlustleistung kleiner als beim IGBT-Modul FZ1000R33HE3 von Infineon.

Damit gibt es theoretisch mehrere IGBT Module, die für den Einsatz im DC/DC-Konverter der MF-Topologie in Frage kommen. In Tabelle 4.2 sind diese Module unter Angabe der Schaltungsparameter aufgelistet.

Tabelle 4.2: 3,3 kV IGBT Module mit denen der volle geforderte Leistungsbereich $P_{netz} = -3 \ldots 3$ MW der MF-Topologie erreichbar ist

IGBT-Typ	Parameter	IGBT-Typ	Parameter
FZ1000R33HE3	$T_{ED} = 37$ µs, FES (1 µH)	MBN800E33D	$T_{ED} = 50$ µs, 1 mH
FZ1000R33HE3	$T_{ED} = 46$ µs, 0,7 mH	MBN800E33D	$T_{ED} = 50$ µs, FES (1 µH)
FZ1000R33HE3	$T_{ED} = 46$ µs, 1 mH	MF Modul	$T_{ED} = 37$ µs, 2 mH
FZ1000R33HE3	$T_{ED} = 46$ µs, FES (0 µH)	MF Modul	$T_{ED} = 37$ µs, FES (1 µH)
FZ1000R33HE3	$T_{ED} = 46$ µs, FES (1 µH)	MF Modul	$T_{ED} = 46$ µs, 1 mH
FZ1000R33HE3	$T_{ED} = 46$ µs, FES (2 µH)	MF Modul	$T_{ED} = 46$ µs, 2 mH
FZ1000R33HE3	$T_{ED} = 50$ µs, 0,7 mH	MF Modul	$T_{ED} = 46$ µs, FES (1 µH)
MBN800E33D	$T_{ED} = 46$ µs, 1 mH	MF Modul	$T_{ED} = 50$ µs, 1 mH
MBN800E33D	$T_{ED} = 46$ µs, 2 mH	MF Modul	$T_{ED} = 50$ µs, FES (1 µH)
MBN800E33D	$T_{ED} = 46$ µs, FES (1 µH)		

4.1.4 Bestimmung der Energieeffizienz für ein typisches Nahverkehrsfahrspiel

Es konnte gezeigt werden, dass es prinzipiell möglich ist, bei alleiniger Verwendung von 3,3 kV IGBTs die MF-Topologie im geforderten Leistungsbereich bis 3 MW zu realisieren. Dabei kommen mehrere IGBT-Typen in verschiedenen Schaltungskonfigurationen in Frage, wobei auf Basis der bisher gezeigten Daten nicht entschieden werden kann, mit welcher Konfiguration die höchste Energieeffizienz erreicht wird.

Dazu wird als Zusatzinformation ein Fahrspiel benötigt, entsprechend dem der Gesamtkonverter belastet wird. Der Triebwagen soll später auf Nahverkehrsstrecken eingesetzt werden, z.B. in einem Regionalzug. Dieser Betrieb zeichnet sich vor allem durch kurze Zyklenzeiten aus. In Abbildung 4.11 b) ist, für ein typisches Fahrspiel[6], der Verlauf der durch den Motorwechselrichter aus dem Zwischenkreis abgeforderten Leistung dargestellt. Dabei beschleunigt der Zug zunächst aus dem Stand auf seine Maximalgeschwindigkeit und beginnt seinen Bremsvorgang so, dass er genau am nächsten Haltepunkt zum Stehen kommt. Nach rund 20 s Aufenthalt beginnt das Fahrspiel von neuem.

Die im Verlauf des Fahrspiels jeweils in einem Modul auftretende Verlustleistung kann durch den zuvor berechneten Zusammenhang von Modulverlustleistung P_V zu aus dem Netz aufgenommener Leistung P_{netz} berechnet werden. Dabei muss jedoch beachtet werden, dass die in den Zwischenkreis eingespeiste Leistung nicht der aus dem Netz entnommenen entspricht, da die in der gesamten MF-Topologie auftretenden Verluste mit gedeckt werden müssen, schematisch

---

[6]Zur Verfügung gestellt durch den Projektpartner Bombardier Transportation

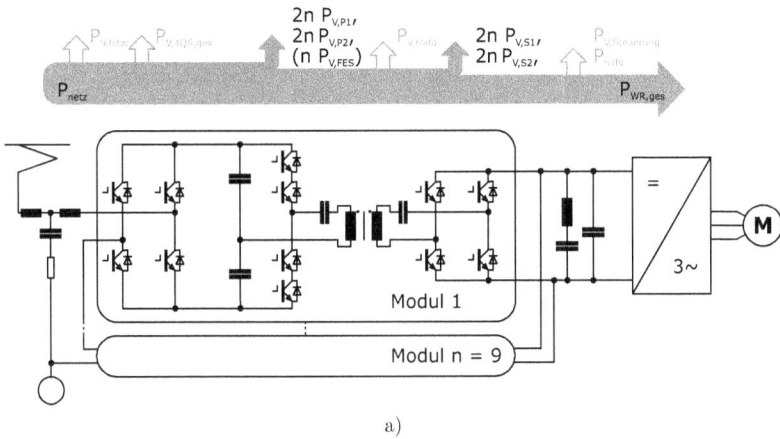

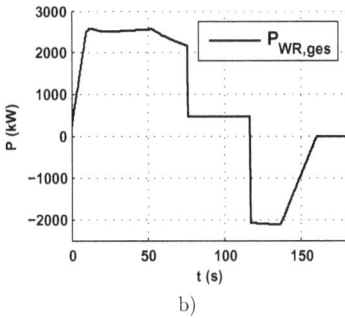

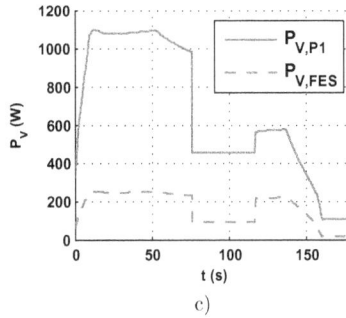

Abbildung 4.11: a) Schematische Darstellung der betrachteten (Verlust-)Leistungen in der MF-Topologie für 9 Module, b) Typisches Nahverkehrsfahrspiel und c) zugehöriger Verlauf der Verlustleistung in einem Modul P1 sowie in der FES, bei entsprechend Abschnitt 3.4.3 angenommenen Verlusten (Infineon FZ1000R33HE3/T_j = 125 °C/U_{CE} = 1,8 kV/C_{resp} = 25 µF/C_{ress} = 25 µF/T_{ED} = 46 µs/FES (L_s = 1 µH))

dargestellt in Abbildung 4.11 a). Da nur die Hableiterverluste innerhalb des DC/DC-Konverters bekannt sind, werden auch nur diese berücksichtigt. Weitere Verluste, die z. B. im Netzfilter, in den 4-QS, den Transformatoren, den Ansteuerbaugruppen, den Resonanz- und Zwischenkreiskondensatoren oder in Schaltungen zur symmetrischen Aufteilung der Blockierspannung über in Reihe geschalteter IGBTs (nicht in Abbildung 4.11 a) dargestellt) auftreten und zum Teil erheblich sein können, werden vernachlässigt. Weiter bleibt die Leistung für Hilfsbetriebe unberücksichtigt. Damit werden zur Berechnung der gesamten Verlustleistung pro MF-Modul je zwei mal die Verluste $P_{V,P1}$ (mittlere Verlustleistung in Modul P1), $P_{V,P2}$, $P_{V,S1}$ und $P_{V,S2}$ aufsummiert. Für Varianten, bei denen die FES zum Einsatz kommt, werden auch die dort auftretenden Verluste, entsprechend der theoretischen Abschätzung aus Abschnitt 3.4.3 berücksichtigt. Dabei werden immer je zwei IGBTs gleichzeitig ausgeräumt. Vereinfachend wird jedoch angenommen, dass sich die Ströme durch die Schalter FES1 und FES und damit die dort auftretenden Verluste, gegenüber der in Abschnitt 3.4.3 betrachteten Variante, nicht ändern[7].

Die aus dem Netz aufgenommene Leistung P_{netz} entspricht also der Summe der Halbleiterverluste aller Module und der insgesamt durch den Wechselrichter aus dem Zwischenkreis abgeforderten Leistung $P_{WR,ges}$. Aus dem in Abbildung 4.11 b) dargestellten Fahrspiel kann damit der Verlauf der Verlustleistungen in den einzelnen Halbleitermodulen berechnet werden. Die berechneten Verläufe der Verlustleistung $P_{V,P1}$ in Modul P1 und der Gesamtverluste in der FES $P_{V,FES}$ während des Fahrspiels sind beispielhaft in Abbildung 4.11 c) dargestellt.

Über Integration der über alle Module summierten Halbleiterverluste $P_{V,gesamt}$ kann die in dem betrachteten Fahrspiel auftretende Gesamtverlustenergie ermittelt und verschiedene Konfigurationen verglichen werden. Als Vergleichswert soll dafür die Effizienz verwendet werden, wobei diese hier als ein mittlerer Wirkungsgrad verstanden und über

$$\eta = 1 - \frac{\int P_{v,gesamt} dt}{\int |P_{WR,ges}| dt} \tag{4.2}$$

definiert wird. Durch die Absolutwertbetrachtung der insgesamt durch die Motorwechselrichter abgeforderten Leistung $P_{WR,ges}$ wird eine Unterscheidung zwischen Fahr- und Brems- (bzw. Rückspeise-)betrieb vermieden. Diese vereinfachte Betrachtung hat den Vorteil, dass für ein entsprechend Abbildung 4.11 a) über den Verlauf von $P_{WR,ges}$ definiertes Fahrspiel der Wert von $\int |P_{WR,ges}| dt$ für alle betrachteten Fälle konstant ist[8].

Mit der so definierten Effizienz ergeben sich für die in Tabelle 4.2 genannten Konfigurationen, mit denen die geforderte Maximalleistung $P_{netz} = 3\,MW$ erreichbar ist, Werte zwischen $\eta = 96\,\%$ und $\eta = 97,5\,\%$, siehe Tabelle 4.3. Dabei muss beachtet werden, dass hier bei alleiniger Betrachtung der Halbleiter zwar die beträchtlichsten, aber nicht die gesamten Verluste berücksichtigt wurden. Trotzdem kann Tabelle 4.2 einen guten Vergleich zwischen den einzelnen Konfigurationen bieten.

Nimmt man an, dass zusätzlich in den SRCs auftretenden Verluste (wie z.B. im Transformator, den Resonanzkondensatoren, der Steuerung oder Schaltungen zur symmetrischen Aufteilung der Blockierspannung über den IGBTs) der Summe der Halbleiterverluste entsprechen, sinkt die jeweils berechnete Effizienz um etwa $3 \ldots 4\,\%$. Trotzdem sind diese Werte exzellent, wenn man sie mit einer entsprechend (4.2) berechneten Effizienz eines typischen 16,7 Hz Traktionstransformators vergleicht, die – je nach Auslegung – im Bereich $80 \ldots 90\,\%$ liegt (alleinige Betrachtung der Kupfer- und Eisenverluste).

Man erkennt, dass die FES bei dem bereits für die MF Topologie optimierten MF Modul nur wenig Gewinn bringt bzw. durch die in der FES selbst auftretenden Zusatzverluste eine insgesamt schlechtere Effizienz bedeuten. Vernachlässigt man die Verluste in der FES, wäre beispielsweise die Kombination (MF Modul/ $T_{ED} = 50\,\mu s$/ FES $(1\,\mu H)$) mit $\eta = 97,59\,\%$ die vorteilhafteste Varainte. Für den IGBT FZ1000R33HE3 bedeutet der Einsatz der FES hingegen immer eine höhere Effizienz.

---

[7]Da nun zwei IGBTs in Reihe geschaltet sind, steigt die Blockierspannung schneller an, dafür fällt über der Streuinduktivität der Hilfswicklung etwa die doppelte Spannung ab. Damit können in grober Näherung die Stromverläufe als vergleichbar angenommen werden, während sich die Blockierspannung – die in der in Abschnitt 3.4.3 vorgestellten Betrachtung keinen Einfluss auf die FES-Verluste hat – der FES-Schalter verdoppelt.

[8]Im Gegensatz zu beispielsweise $\int |P_{netz}| dt$.

Tabelle 4.3: Mit 3,3 kV IGBT Modulen berechnete Effizienz

IGBT-Typ	Parameter	η
FZ1000R33HE3	$T_{ED} = 37\,\mu s$, FES $(1\,\mu H)$	96,44 %
FZ1000R33HE3	$T_{ED} = 46\,\mu s$, $0{,}7\,mH$	96,12 %
FZ1000R33HE3	$T_{ED} = 46\,\mu s$, $1\,mH$	96,01 %
FZ1000R33HE3	$T_{ED} = 46\,\mu s$, FES $(0\,\mu H)$	96,43 %
FZ1000R33HE3	$T_{ED} = 46\,\mu s$, FES $(1\,\mu H)$	96,95 %
FZ1000R33HE3	$T_{ED} = 46\,\mu s$, FES $(2\,\mu H)$	96,98 %
FZ1000R33HE3	$T_{ED} = 50\,\mu s$, $0{,}7\,mH$	96,14 %
MBN800E33D	$T_{ED} = 46\,\mu s$, $1\,mH$	96,26 %
MBN800E33D	$T_{ED} = 46\,\mu s$, $2\,mH$	97,17 %
MBN800E33D	$T_{ED} = 46\,\mu s$, FES $(1\,\mu H)$	97,01 %
MBN800E33D	$T_{ED} = 50\,\mu s$, $1\,mH$	96,37 %
MBN800E33D	$T_{ED} = 50\,\mu s$, FES $(1\,\mu H)$	97,12 %
MF Modul	$T_{ED} = 37\,\mu s$, $2\,mH$	97,45 %
MF Modul	$T_{ED} = 37\,\mu s$, FES $(1\,\mu H)$	97,15 %
MF Modul	$T_{ED} = 46\,\mu s$, $1\,mH$	96,77 %
MF Modul	$T_{ED} = 46\,\mu s$, $2\,mH$	97,56 %
MF Modul	$T_{ED} = 46\,\mu s$, FES $(1\,\mu H)$	97,38 %
MF Modul	$T_{ED} = 50\,\mu s$, $1\,mH$	97,12 %
MF Modul	$T_{ED} = 50\,\mu s$, FES $(1\,\mu H)$	97,12 %

4.2 Einsatz von Mehrpunkttopologien auf der Primärseite des DC/DC-Konverters

4.2.1 Gegenüberstellung möglicher Mehrpunkttopologien

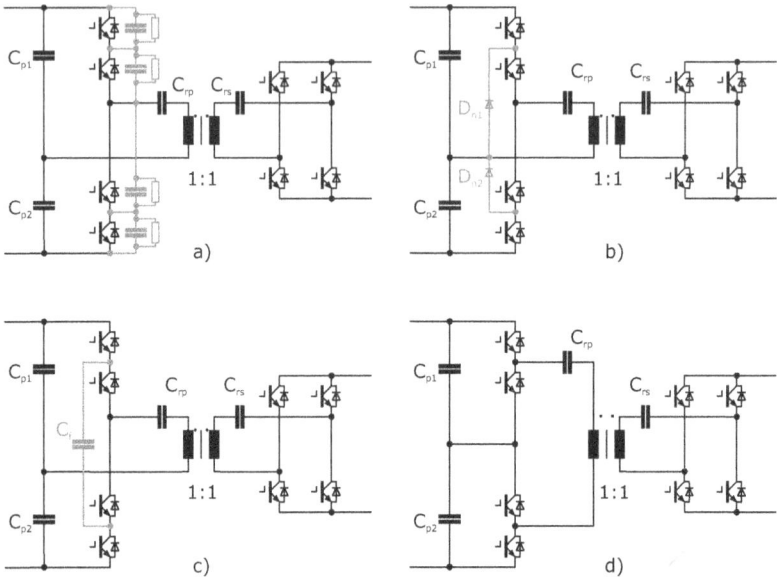

Abbildung 4.12: Realisierungsmöglichkeiten der Nutzung von 3,3 kV IGBTs auf der Primärseite, a) passives Netzwerk zur Spannungssymmetrierung, b) Erweiterung zur Drei-Level-Neutral Point Clamped Topologie durch Dioden D_{n1} und D_{n2}, c) Erweiterung zur Flying Capacitor Topologie mit zusätzlichem Kondensator C_f (dem „flying capacitor") und d) Reihenschaltung von Halbbrücken, eine von ABB in niedrigeren Leistungsbereichen eingesetzte Topologie

Es konnte gezeigt werden, dass die für die MF-Topologie geforderten Parameter nur bei alleiniger Verwendung von 3,3 kV IGBT Modulen erreicht werden können. In Unterabschnitt 4.1.3 wurde eine mögliche Topologie vorgeschlagen. Jedoch muss sichergestellt werden, dass die Spannung, die beim Schalten und im ausgeschalteten Zustand über den Halbleitern abfällt, niemals deren maximale Blockierspannung überschreitet. Weiter ist eine gleichmäßige Spannungsaufteilung für eine gleichmäßige Aufteilung der auftretenden Verluste ebenso eine Voraussetzung wie für die Einhaltung der 100-FIT Blockierspannung der einzelnen Bauelemente. Die Forderungen, die bei einer Reihenschaltung von Halbleiterbauelementen erfüllt sein müssen, sind z.B. in [70],[71] zusammengefasst.

In Abbildung 4.12 sind verschiedene Möglichkeiten der Erweiterung der Schaltung aus Abbildung 4.9 (Seite 69) dargestellt, um eine möglichst gleichmäßige Aufteilung der Blockierspannungen zu erreichen.

- **Passives Symmetriernetzwerk**

  Diese sehr einfache Variante kann prinzipiell für eine beliebige Anzahl in Reihe geschalteter Halbleiter eingesetzt werden. Mit acht zusätzlichen passiven Bauelementen ist der Aufwand im SRC jedoch sehr hoch. Nimmt man als Faustformel an, dass die in den Kondensatoren gespeicherte Ladung ungefähr zehn mal so hoch sein soll wie die Speicherladung in den einzelnen IGBTs (diese liegt im Bereich um mehrere $100\,\mu C$, jedoch typisch unter $1\,mC^9$), sollte die Kapazität der Symmetrierkondensatoren im Bereich um $5\,\mu F$ liegen. Die Baugröße dieser Kondensatoren wäre nicht mehr zu vernachlässigen. Ein weiteres Problem liegt in der Forderung die IGBTs (abhängig von der Kapazität des Kondensators) im Bereich weniger $10\,ns$ synchron zu schalten, was einen gewissen Zusatzaufwand für die Ansteuereinheiten bedeutet.

- **Drei-Level Neutral Point Clamped (3L-NPC)**
  Ein großer Vorteil dieser weit verbreiteten Topologie ist, dass keine zusätzlichen passiven Komponenten benötigt werden. Allerdings werden zwei zusätzliche Dioden eingesetzt, die jedoch in ihrer Stromtragfähigkeit geringer als die IGBTs dimensioniert werden können – sie führen nur den Magnetisierungs- (bzw. FES-)Strom nach dem Abschalten der jeweils äußeren IGBTs. Die Spannungsaufteilung über den Schaltern im Blockierzustand entspricht der Spannungsaufteilung über den primärseitigen Zwischenkreiskondensatoren, die entsprechend symmetriert werden müssen. Nachteilig sind hier Kurzschlussfehler, die ein koordiniertes Abschalten erfordern, d.h. ein Ansprechen der Entsättigungsüberwachung einer IGBT-Ansteuereinheit darf nicht automatisch zum Abschalten des IGBTs führen. Durch die weite Verbreitung der Topologie gibt es dafür jedoch bereits etablierte Lösungsansätze (z.B. [73],[74]).

- **Flying Capacitor**
  Eine weitere, jedoch weniger weit verbreitete Mehrpunkttopologie, ist die Flying Capacitor (FC) Topologie, bei der anstatt zweier Dioden ein zusätzlicher Kondensator (der „flying capacitor") hinzugefügt wird. Durch die hohe Schaltfrequenz ist die FC Topologie im vorliegenden Anwendungsfall attraktiver als etwa bei einem hart schaltenden Umrichter, bei dem die Schaltfrequenz geringe Werte von z. B. einigen hundert Hertz annehmen kann. Die Spannungsaufteilung im Blockierbereich hängt jedoch von der Spannung über allen drei Kondensatoren C_{p1}, C_{p2} und C_f ab, die gleich hoch sein sollte und möglicherweise durch einen übergeordneten Regelkreis beeinflusst werden muss. Dadurch benötigt diese Topologie ggf. einen höheren Mess- und Regelaufwand. Davon abgesehen ist der Einsatz der FC Topologie im Serienresonanzkonverter durch ABB patentiert [75].

- **Reihenschaltung von Halbbrücken**
  Bei dieser Topologie werden keine weiteren passiven oder aktiven Bauelemente hinzugefügt. Allerdings erhöhen sich die Anforderungen an den Resonanzkondensator, der nun die halbe Zwischenkreisspannung blockieren muss. Damit steigen zwar nicht die Anzahl, aber die Anforderungen an die passiven Bauelemente. Diese Topologie wird von ABB bereits als geregelter DC/DC-Konverter in Traktionsanwendungen eingesetzt [72], konnte im Gegensatz zum FC jedoch nicht patentiert werden, da die Schaltung schon in [76] gezeigt wurde.

Die 3L-NPC Topologie und die Reihenschaltung von Halbbrücken sind damit die attraktivsten Realisierungsmöglichkeiten, da der Zusatzaufwand für passive und aktive Bauelemente überschaubar ist und keine patentrechtlichen Probleme zu erwarten sind.

4.2.2 Kommutierungen

3L-NPC Topologie

Grundsätzlich lassen sich mit dem SRC in 3L-NPC Topologie auf der Primärseite drei verschiedene Spannungen an den Resonanzkreis anlegen: $u_p/2$, 0 und $-u_p/2$. Der Zustand 0 muss dabei nur für eine sichere Kommutierung der IGBTs durchlaufen werden. Unter der Annahme, dass

---

[9]über Integration des nach dem Abschalten fließenden Stromes bestimmt (IGBT FZ1000R33HE3, T_{ED} = $37/46/50\,\mu s$, $12\,mH$)

die Spannungsaufteilung des primärseitigen, geteilten Zwischenkreises ideal ist, ist in Abbildung 4.13 die Abfolge der verschiedenen Schaltzustände sowie zugehörige Strompfade und Kommutierungen dargestellt. Vereinfachend wird nur die Primärseite bei einem Energiefluss von der Primär- zur Sekundärseite betrachtet.

Beginnend mit Abschnitt Ia, liegt primärseitig die Spannung $u_p/2$ am Resonanzkreis an. Es fließt der Resonanzstrom, dem ein Magnetisierungsstrom überlagert ist (nicht dargestellt). Nach Ablauf der halben Resonanzperiode wird zunächst der äußere IGBT P1a abgeschaltet (Abschnitt IIa). Der Magnetisierungs- oder FES-Strom räumt nun IGBT P1a aus, so dass dieser Spannung übernimmt; gleichzeitig sinkt die Spannung über IGBT P2i entsprechend. Als nächstes wird IGBT P2i eingeschaltet (Abschnitt $IIIa$). Ist die Basis von IGBT P1a noch nicht vollständig ausgeräumt, fließt ein Rekombinationsstrom (forward recovery current), grün dargestellt. Magnetisierungs- bzw. FES-Strom kommutieren von IGBT P1a auf die Diode Dn1. Danach wird IGBT P1i abgeschaltet und dessen Basis entsprechend langsam ausgeräumt (Abschnitt IVa). Im gleichen Maße wie P1i Spannung übernimmt, sinkt die Spannung über IGBT P2a. Im Extremfall kommutiert der Magnetisierungs- bzw. FES-Strom von IGBT P1i auf die Inversdiode von P2a. Wird P2a eingeschaltet, so lange die Basis von IGBT P1i noch nicht ausgeräumt ist, fließt auch hier ein Rekombinationsstrom. Mit dem Einschalten von IGBT P2a beginnt Abschnitt Ib und der Resonanzstrom fließt in umgekehrter Richtung. Die Abschnitte $Ib...IVb$ werden äquivalent durchlaufen.

Reihenschaltung von Halbbrücken

Im Gegensatz zur 3L-NPC Topologie lässt sich mit den in Reihe geschalteten Halbbrücken keine negative Spannung an den Resonanzkreis anlegen, sondern nur u_p, $u_p/2$ und 0. Damit liegt über dem primärseitigen Resonanzkondensator C_{rp} immer eine Gleichspannung so an, dass die Spannung über dem Transformator über eine Periode betrachtet mittelwertfrei ist. Nutzt man diesen Umstand aus, so lässt sich durch entsprechende Ansteuerung (wahlweise wird alternierend u_p und 0 bzw. $u_p/2$ und 0 an den Resonanzkreis angelegt) das Übersetzungsverhältnis zwischen primär- und sekundärseitiger Zwischenkreisspannung anpassen, ausführlich beschrieben in [72]. In der Anwendung der MF-Topologie reicht es aus, zwischen u_p und 0 zu alternieren. Damit stellt sich über C_{rp} im Mittel die Spannung $u_p/2$ ein. Verglichen mit der 3L-NPC Topologie ist der Betrieb der in Reihe geschalteten Halbbrücken einfach. Die entsprechende Abfolge der Schaltzustände sowie die zugehörigen Strompfade und Kommutierungen sind in Abbildung 4.14 dargestellt.

Zunächst sind die beiden äußeren IGBTs P1a und P2a eingeschaltet (Abschnitt Ia). Der Resonanzstrom, dem ein Magnetisierungsstrom überlagert ist (nicht dargestellt), fließt über die beiden primärseitigen Zwischenkreiskondensatoren C_{p1} und C_{p2}. Nach Ablauf der halben Resonanzperiode werden die beiden äußeren IGBTs gleichzeitig abgeschaltet (Abschnitt IIa). Durch den Magnetisierungs- bzw. FES-Strom wird die Basis der beiden IGBTs ausgeräumt. Werden danach die inneren IGBTs P1i und P2i eingeschaltet und die äußeren IGBTs sind noch nicht komplett ausgeräumt, so fließt ein Rekombinationsstrom. In Abschnitt Ib fließt der Resonanzstrom weder über C_{p1} noch über C_{p2}; primärseitig ist allein C_{rp} im Resonanzkreis. Je nach Güte des Resonanzkreises kann der Resonanzstrom in diesem Abschnitt deutlich geringer ausfallen als in Abschnitt Ia, da keine Energie von den primärseitigen Zwischenkreiskondensatoren entnommen werden kann. Da im vorliegenden SRC die Streuinduktivität des Transformators gering ist, ist die Güte des Resonanzkreises unproblematisch hoch. Nach Ablauf einer weiteren halben Resonanzperiode werden auch die inneren IGBTs abgeschaltet (Abschnitt IIb) und die Abfolge der Schaltzustände wiederholt sich mit Einschalten der äußeren IGBTs (Abschnitt Ia).

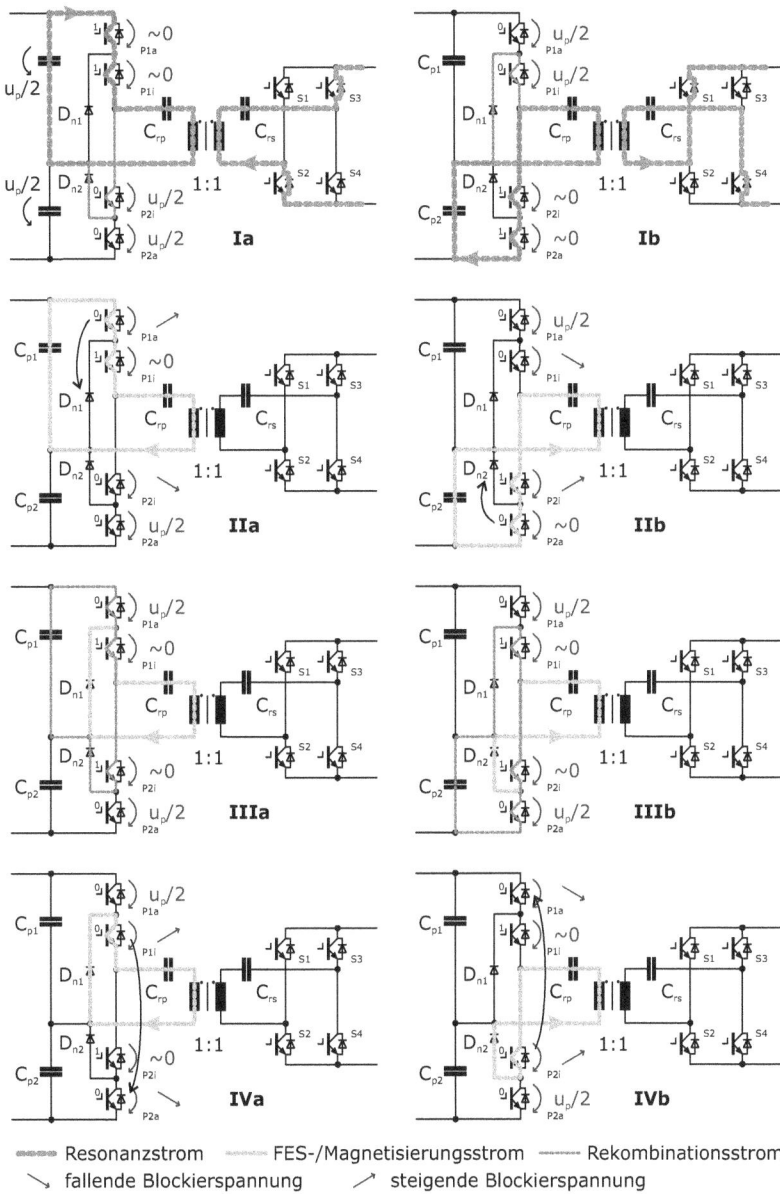

Abbildung 4.13: Darstellung der Strompfade und Kommutierungen für die verschiedenen Schaltzustände des 3L-NPC

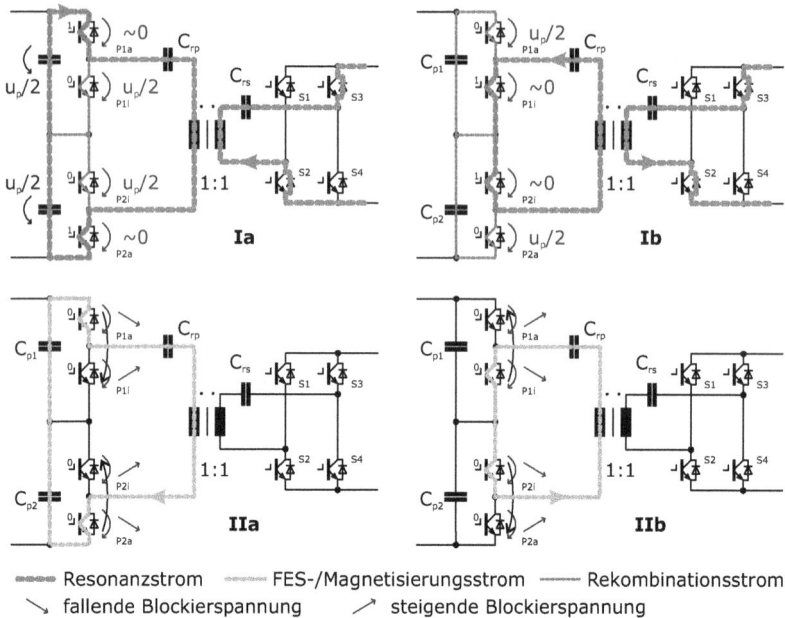

■■■■ Resonanzstrom ■■■■ FES-/Magnetisierungsstrom ───── Rekombinationsstrom
↘ fallende Blockierspannung ↗ steigende Blockierspannung

Abbildung 4.14: Darstellung der Strompfade und Kommutierungen für die verschiedenen Schaltzustände der Reihenschaltung von Halbbrücken

4.2.3 Symmetrie der primärseitigen Zwischenkreiskondensatoren

Bei der bisherigen Betrachtung wurde eine symmetrische Aufteilung der primärseitigen Zwischenkreisspannung mit $u_{Cp1} = u_{Cp2} = u_p/2$ angenommen. Im realen Konverter kann davon jedoch nicht ausgegangen werden. Da eine symmetrische Spannungsaufteilung für den sicheren Betrieb des SRC entscheidend ist, soll im Folgenden die Dynamik der Spannungsaufteilung der primärseitigen Zwischenkreiskondensatoren genauer untersucht werden.

3L-NPC Topologie

Für die 3L-NPC Topologie gibt es bereits für hart schaltende Umrichter Ansätze, wie sich durch regelungstechnische Eingriffe eine symmetrische Spannungsaufteilung der geteilten Zwischenkreiskondensatoren sicherstellen lässt [77]–[80]. Beim einphasigen Einsatz im SRC treten jedoch einige Besonderheiten auf.

Im Gegensatz zu hart schaltenden Umrichtern werden die Zwischenkreiskondensatoren gleichmäßig belastet, die in Abschnitt *Ia* und *Ib* (Abbildung 4.13) auftretenden Resonanzströme sind in ihrer Amplitude vergleichbar. Asymmetrien treten daher vor allem durch Bauteiltoleranzen auf.

Zum Einen wirkt der Magnetisierungs- bzw. FES-Strom symmetrierend. Ausgehend von einem Zustand, bei dem $u_{Cp1} < u_{Cp2}$ sei, hilft der Magnetisierungs- bzw. FES-Strom die Basis des IGBT P1a (in Abschnitt *Ia*, siehe Abbildung 4.13) bzw. des IGBT P2a (in Abschnitt *IIb*) auszuräumen. Dabei kommutiert der Magnetisierungs- bzw. FES-Strom umso früher auf die jeweilige NPC-Diode (Abschnitt *IIIa*, bzw. *IIIb*), je eher die zugehörige Zwischenkreisspannung erreicht ist. Gilt nun $u_{Cp1} < u_{Cp2}$, ist die aus C_{p1} entnommene Ladung und damit die Entladung entsprechend geringer als für C_{p2}. Selbst wenn der Magnetisierungs- bzw. FES-Strom nicht

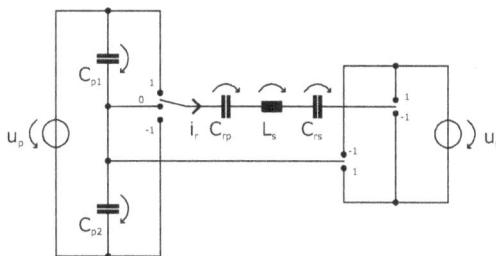

Abbildung 4.15: Vereinfachtes Ersatzschaltbild zur Ableitung des Zusammenhangs zwischen Asymmetrie der primärseitigen Zwischenkreisspannung und Gleichspannungsanteil der Resonanzkondensatoren

mehr ausreicht, die N⁻-Basis der IGBTs vollständig auszuräumen, wirken die dann auftretenden Rekombinationsströme bzw. deren Differenzen zwischen den einzelnen IGBTs symmetrierend. Diese Variante der Selbstsymmetrierung wirkt langsam und funktioniert nur dann, wenn die durch die IGBTs P1a und P2a fließenden Ströme vergleichbar groß und die Unterschiede in den jeweiligen Sperrschichttemperaturen gering sind. Da neben anderen Parametern auch die Speicherladung der IGBTs untereinander streuen kann, ist auf diese Weise keine vollständige Symmetrierung sichergestellt.

Der 3L-NPC bietet zudem eine einfache, verlustarme Variante der passiven Symmetrierung. Eine Spannungsdifferenz zwischen den beiden primärseitigen Kondensatoren C_{p1} und C_{p2} erzeugt einen Gleichspannungsanteil entsprechender Amplitude auf den Resonanzkondensatoren C_{rp} und C_{rs}. Mit dem in Abbildung 4.15 dargestellten, vereinfachten Ersatzschaltbild[10] und den Definitionen $C_{p1} = C_{p2} = 2C_p$, $u_{Cp1} = u_p/2 - \Delta u_p$ und $u_{Cp2} = u_p/2 + \Delta u_p$ sowie $C_{rp} = C_{rs} = 2C_r$ und entsprechend $u_{Cr} = u_{Crp} + u_{Crs}$ gilt:

$$\Delta \dot{u}_p = i_r \frac{1}{C_p} \tag{4.3}$$

$$\dot{u}_{Cr} = i_r \frac{1}{C_r} \tag{4.4}$$

$$\dot{i}_r = u_{Ls} \frac{1}{L_s} \tag{4.5}$$

Mit der Einführung der Schaltvariable $s \in [-1; 0; 1]$, entsprechend den Schalterstellungen in Abbildung 4.15 und unter der Annahme, dass $i_r(0) = 0$ ist, lässt sich für (4.3) bis (4.5) eine gemeinsame Lösung für alle Schaltzustände finden

$$i_r(t) = \sqrt{\frac{C'}{L_s}} \big(s(u_p/2 - u_s) - U_{Cr0} - \Delta U_{p0} \big) \sin(\omega t). \tag{4.6}$$

Dabei ist $u_{Cr}(0) = U_{Cr0}$, $\Delta u_p(0) = \Delta U_{p0}$, $\omega = 1/\sqrt{L_s C'}$ und $C' = 1/(\frac{1}{C_r} + \frac{1}{C_p})$. Entsprechend der in Abbildung 4.13 gezeigten Betriebsweise, unter Vernachlässigung des FES- bzw. Magnetisierungsstromes, werden die Schaltzustände nach jeder halben Resonanzperiode gewechselt, so dass zu Beginn jeder Periode $i_r = 0$ ist. Damit lassen sich die Spannung u_{Cr} und Δu_p am Ende einer halben Resonanzperiode $T_r/2 = \pi/\omega$ zu

$$u_{Cr}(\frac{T_r}{2}) = \frac{1}{C_r} \int_0^{\frac{T_r}{2}} i_r(t)dt + U_{Cr0} = 2\frac{C'}{C_r}\big(s(u_p/2 - u_s) - U_{Cr0} - \Delta U_{p0}\big) + U_{Cr0} \tag{4.7}$$

$$\Delta u_p(\frac{T_r}{2}) = \frac{1}{C_p} \int_0^{\frac{T_r}{2}} i_r(t)dt + \Delta U_{p0} = 2\frac{C'}{C_p}\big(s(u_p/2 - u_s) - U_{Cr0} - \Delta U_{p0}\big) + \Delta U_{p0} \tag{4.8}$$

---

[10]Mit diesem Ersatzschaltbild wird der Einfluss des 4-QS auf die primärseitige Zwischenkreisspannung u_p sowie die entsprechende Dynamik vernachlässigt.

bestimmen. Da FES- bzw. Magnetisierungsstrom vernachlässigt werden, ändern sich die Werte der Spannungen für $t \in (\frac{T_f}{2}, \frac{T_s}{2}]$ nicht. Damit entsprechen die so berechneten Werte $u_{Cr}(\frac{T_s}{2})$ und $\Delta u_p(\frac{T_s}{2})$ in der folgenden Halbperiode U_{Cr0} und ΔU_{p0}. Betrachtet man diese beiden Werte stroboskopisch, jeweils zu Beginn einer halben Schaltperiode, mit $x[k] = x(k\frac{T_s}{2})$, $k \in \mathbb{N}$ ist

$$u_{Cr}[k+1] = \frac{C_r - C_p}{C_r + C_p} u_{Cr}[k] - \frac{2 C_p}{C_r + C_p} \Delta u_p[k] \qquad (4.9)$$

$$\Delta u_p[k+1] = \frac{C_p - C_r}{C_r + C_p} \Delta u_p[k] - \frac{2 C_r}{C_r + C_p} u_{Cr}[k] \qquad (4.10)$$

Um allein die durch eine Asymmetrie der primärseitigen Zwischenkreiskondensatoren erzeugte Dynamik des Systems zu untersuchen, kann man $u_p/2 = u_s$ setzen. Damit entfällt eine Unterscheidung nach Schaltzustand s in jedem Schritt k. Nimmt man nun $u_{Cr}[0] = 0$ und $\Delta u_p[0] = U$, so ergibt sich

$$u_{Cr}[n] = -\tfrac{2 C_p}{C_r + C_p} U \text{ für gerade } n, \; u_{Cr}[n] = 0 \text{ für ungerade } n \qquad (4.11)$$

$$\Delta u_p[n] = \tfrac{C_p - C_r}{C_r + C_p} U \text{ für gerade } n, \; \Delta u_p[n] = U \text{ für ungerade } n \qquad (4.12)$$

und damit ist im Mittel $u_{Cr} = -\Delta u_p = -\frac{C_p}{C_r + C_p} U$. Tatsächlich wird in einem realen, gedämpften System die Schwingung abklingen und auf den Mittelwert als stationären Endwert zulaufen. Dass eine Spannungsasymmetrie zwischen den primärseitigen Zwischenkreiskondensatoren einen betragsmäßig gleich hohen Gleichanteil auf den Resonanzkondensatoren hervorruft, lässt sich zur Symmetrierung nutzen.

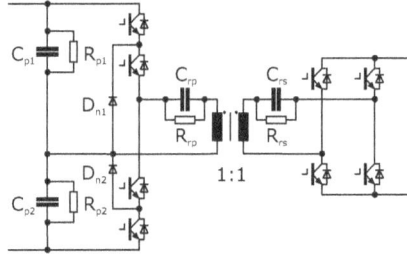

Abbildung 4.16: Mögliche Anordnung von Symmetrierwiderständen zur passiven Symmetrierung der primärseitigen Zwischenkreiskondensatoren

Werden passive Symmetrierwiderstände entsprechend Abbildung 4.16 in die Schaltung des SRC eingefügt, so gilt dass $R_{symm1} = 1/(\frac{1}{R_{p1}} + \frac{1}{R_{p2}})$ und $R_{symm2} = R_{rp} + R_{rs}$ den gleichen Einfluss auf die Symmetrie der Spannung der primärseitigen Zwischenkreiskondensatoren haben. Dabei entstehen in R_{rp} und R_{rs} deutlich geringere Verluste, die zudem von der Höhe des Resonanzstromes abhängig sind, als in R_{p1} und R_{p2}, die von der Höhe der Zwischenkreisspannung abhängig sind. Wählt man beispielsweise $R_{rp} = R_{rs} = 500\,\Omega$, so entstehen in der hier untersuchten Anwendung für das in Abschnitt 4.1.4 gezeigte Fahrspiel etwa je $20\ldots75$ W Verluste[11], während für äquivalente Symmetrierwiderstände $R_{p1} = R_{p2} = 2\,\mathrm{k\Omega}$ ständig Verluste von je 1600 W anfallen würden.

---

[11]Die Verlustleistung hängt von der gewählten Resonanzfrequenz ab – 20 W entsprechen dabei einer Konfiguration mit $T_{ED} = 50\,\mu s$, 75 W einer mit $T_{ED} = 37\,\mu s$. Die maximal auftretenden Verluste bei 3 MW Konverterleistung liegen dabei zwischen etwa 56 W ($T_{ED} = 50\,\mu s$) und 223 W ($T_{ED} = 37\,\mu s$).

Reihenschaltung von Halbbrücken

Bei der Reihenschaltung von Halbbrücken ist es, wegen des über dem primärseitigen Resonanzkondensator auftretenden Gleichanteils, nicht möglich, die für den 3L-NPC beschriebene Methode der passiven Symmetrierung anzuwenden. Ein Widerstand über dem primärseitigen Resonanzkondensator hätte dauerhaft hohe Verluste zur Folge und würde eine Asymmetrie zwischen positiver und negativer Halbschwingung des Resonanzstromes hervorrufen.

Die durch den Magnetisierungsstrom hervorgerufene Symmetrierung wirkt, ähnlich dem 3L-NPC, auch hier. Je nach Asymmetrie wird der Magnetisierungsstrom eher von IGBT P1a auf die Inversdiode von P1i als von P2a auf die Inversdiode von P2i kommutieren, bzw. umgekehrt. Damit variiert auch für die Reihenschaltung von Halbbrücken die Dauer des Magnetisierungsstromflusses durch die jeweiligen primärseitigen Zwischenkreiskondensatoren, was einen entsprechend symmetrierenden Effekt hat.

Die in [72] beschriebene Variante, bei der die Spannung des geteilten Zwischenkreises über vorgeschaltete Hochsetzsteller festgelegt wird, bedeutet in der betrachteten Anwendung einen zu hohen Zusatzaufwand.

4.2.4 Experimentelle Überprüfung

Mit einem an der Professur vorhandenen, leicht modifizierten Niederspannungs-Teststand zur Untersuchung von Mehrpunkttopologien können die im vorangegangenen Kapitel beschriebenen Varianten der Symmetrierung der primärseitigen Zwischenkreiskondensatoren experimentell überprüft werden. Allerdings erlaubt die Verwendung eines Niederspannungsteststandes nicht die direkte Messung von Schaltverlusten, so dass nur qualitative, keine quantitativen Aussagen getroffen werden können. Im Gegensatz zum in Abschnitt 3.2 vorgestellten Teststand ist jedoch der Dauerbetrieb des SRC möglich.

Teststand

Der Teststand zur Untersuchung des SRC in Mehrpunkttopologie ist in Abbildung 4.17 dargestellt. Der in Abbildung 4.17 a) dargestellten Primärseite in 3L-NPC-Topologie entspricht der obere Teil des Schaltschrankes in b), der Transformator und die Resonanzkondensatoren sind in der Mitte zu finden, die Sekundärseite, hier als Halbbrücke ausgeführt, ganz unten.

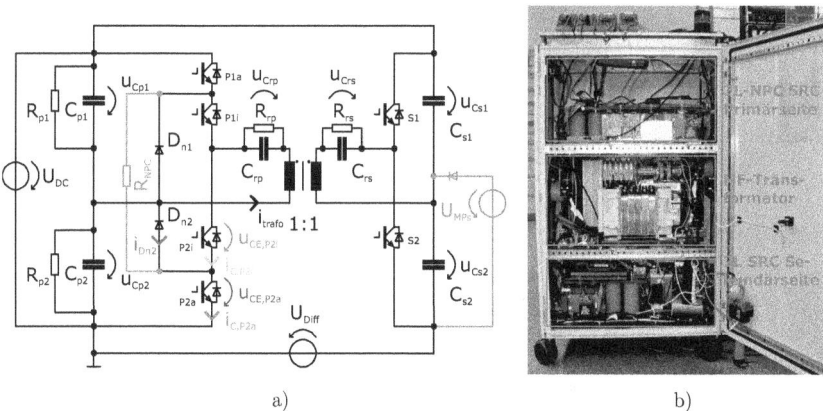

a)   b)

Abbildung 4.17: a) Schaltung und b) Aufbau des Teststandes (Niederspannung) zur experimentellen Überprüfung des SRC in Mehrpunkttopologie

Tabelle 4.4: Parameter des Teststandes zur Untersuchung des
SRC in Mehrpunkttopologie

U_{DC}	1400 V	$C_{\text{p1}} = C_{\text{s1}} = C_{\text{s2}}$	860 µF
U_{MPs}	700 V	C_{p2}	430 µF/860 µF
U_{diff}	0 … 40 V	$C_{\text{rp}} = C_{\text{rs}}$	50 µF
R_{p1}	47 kΩ	R_{NPC}	47 kΩ
R_{p2}	23,5 kΩ/47 kΩ	$R_{\text{rp}} = R_{\text{rs}}$	100 Ω/500 Ω/2 kΩ/47 kΩ
$L_{\sigma,\text{trafo}}$	8,5 µH	L_{H}	0,4 … 12 mH
Hilfswicklung	10:1	Sperrschichttemperatur T_j	25 °C

Durch Austauschen eines Teils der Verplattung lässt sich die Primärseite zu einer Reihenschaltung von Halbbrücken ändern. Die Zwischenkreisspannung lässt sich über die Spannungsquelle U_{DC} einstellen, über U_{diff} kann die Leistung des Systems und damit die Höhe des Resonanzstromes angepasst werden. Damit müssen die Netzgeräte nur für die im Konverter auftretende Verlustleistung ausgelegt werden. Da nur ein 1:1 Transformator zur Verfügung steht, muss auf der Sekundärseite eine Halbbrücke eingesetzt werden. Um das Verhalten der Vollbrücke zu simulieren, bei der in der positiven und der negativen Halbschwingung sekundärseitig immer die gleiche Spannung am Resonanzkreis anliegt, kann mit der Spannungsquelle U_{MP} die Mittelpunktspannung auf eine konstante Spannung festgelegt werden. In den folgenden Untersuchungen des Verhaltens bei asymmetrischer Belastung der primärseitigen Zwischenkreiskondensatoren wird mit dieser Spannungsquelle $u_{\text{Cs1}} = u_{\text{Cs2}}$ festgelegt.

Als IGBTs werden Infineon FZ1000R33HE3 Module eingesetzt, bei denen jedoch auf der Primärseite nur ein Anschlusspaar mit der Verplattung verbunden ist. Da somit nur die Hälfte der modulinternen IGBT- und Dioden-Chips angeschlossen sind, reduziert sich der Nennstrom dieser Module entsprechend von $I_{\text{C,nom}} = 1000\,\text{A}$ auf 500 A. Entsprechendes gilt für die NPC-Dioden, bei denen es sich um die Inversdioden zweier IGBT-Module handelt. Mit dem Widerstand R_{NPC} wird sichergestellt, dass Dn1 bzw. Dn2 sicher einschalten und sich die Blockierspannung der IGBTs entsprechend der Zwischenkreisspannungen aufteilt.

Als Messgeräte kommen zwei der Oszilloskope des Teststandes für quasi-stationären Betrieb, siehe Abschnitt 3.2, zum Einsatz. Die entsprechende Zuordnung der eingesetzten Messgeräte ist in Tabelle 4.5 aufgelistet.

Tabelle 4.5: Zuordnung der Messgrößen zu Messgeräten und
Oszilloskop-Kanälen

u_{Crs}	Testec SI 9002, 1:200 (differentiell)	Oszilloskop 1, Kanal 1
u_{Crp}	Testec SI 9002, 1:200 (differentiell)	Oszilloskop 1, Kanal 3
u_{Cp1}	Testec SI 9110, 1:1000 (differentiell)	Oszilloskop 2, Kanal 1
u_{Cp2}	Testec SI 9110, 1:1000 (differentiell)	Oszilloskop 2, Kanal 2
i_{trafo}	PEM CWT15B Rogowskispule, 3 kA	Oszilloskop 2, Kanal 4

Zur Untersuchung der Symmetrierungsmechanismen werden die beiden primärseitigen Zwischenkreiskondensatoren im Folgenden zu Beginn des Messvorgangs auf unterschiedliche Spannungen aufgeladen. Um einen möglichst deutlichen Effekt zu erkennen, wird $u_{\text{Cp1}} = 2u_{\text{Cp2}}$ über die Wahl der Widerstände $R_{\text{p1}} = 47\,\text{k}\Omega = 2R_{\text{p2}}$ eingestellt.

Symmetrierung des 3L-NPC

Grundlage für die sehr einfache, passive Symmetrierung des 3L-NPC ist die enge Verkopplung der primärseitigen Zwischenkreiskondensatoren mit den Resonanzkondensatoren. In Abbildung 4.18 sind die Verläufe der Spannungen u_{Cp1}, u_{Cp2} und u_{Crp} sowie der Strom i_{trafo} dargestellt, kurz bevor und nachdem der Konverter bei $t = 0\,\text{ms}$ in Betrieb genommen wurde. Um ausschließlich den Effekt der asymmetrischen Vorladung der primärseitigen Zwischenkreiskondensatoren zu untersuchen, wird mit $U_{diff} = 0\,\text{V}$ der Resonanzstrom auf $0\,\text{A}$ eingestellt. Während des dargestellten Zeitintervalls von $2\,\text{ms}$ ist keine Veränderung in den Spannungen u_{Cp1} und u_{Cp2} zu erkennen. Durch die Differenz wird jedoch direkt nach Einschalten der Resonanzkreis stark angeregt, so dass ein Strom durch den Transformator i_{trafo} mit Spitzenwerten über $300\,\text{A}$ auftritt. Dadurch ist bereits nach wenigen Pulsen ein deutlicher Gleichspannungsanteil auf dem primärseitigen Resonanzkondensator u_{Crp} zu erkennen. Da das hier untersuchte, reale System gedämpft ist, klingt der durch die unterschiedlich geladenen primärseitigen Zwischenkreiskondensatoren hervorgerufene Resonanzstrom schnell ab und die Spannung u_{Crp} läuft auf den Wert $-\Delta u_p \approx 230\,\text{V}$ zu. Da durch U_{MP} die Sekundärseite immer symmetrisch geladen bleibt, ist die Spannung u_{Crs} mittelwertfrei (nicht dargestellt).

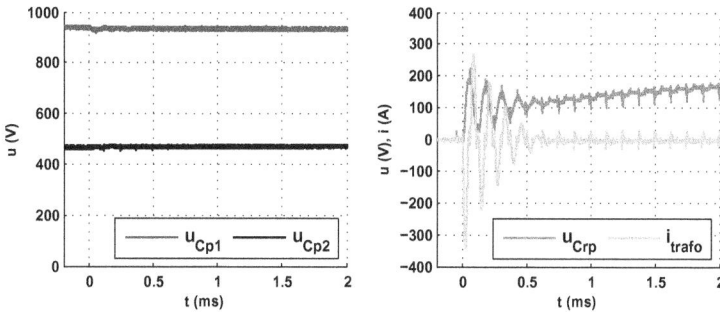

Abbildung 4.18: Ausgleichsvorgang für asymmetrisch geladene primärseitige Zwischenkreiskondensatoren, mit $U_{diff} = 0$

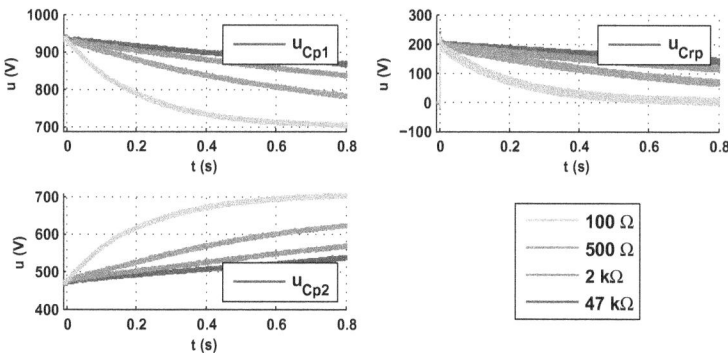

Abbildung 4.19: Funktionsnachweis der passiven Symmetrierung mit verschiedenen Widerständen $R_{rp} = R_{rs}$, mit $L_H = 1\,\text{mH}$

Ein Funktionsnachweis der passiven Symmetrierung kann der Abbildung 4.19 entnommen werden. Durch die enge Verkopplung der Kondensatorspannungen wirken die Widerstände $R_{\mathrm{rp}} = R_{\mathrm{rs}}$ symmetrierend. Mit einem Wert von nur $100\,\Omega$ ist bereits nach einem Zeitintervall von weniger als $1\,\mathrm{s}$ eine Symmetrierung der Zwischenkreiskondensatoren ($u_{\mathrm{Cp1}} \approx u_{\mathrm{Cp2}}$) erreicht.

Man erkennt in Abbildung 4.19 einen signifikanten Unterschied zwischen $R_{\mathrm{rp}} = R_{\mathrm{rs}} = 100\,\Omega$ und $500\,\Omega$, während der Unterschied zwischen den Verläufen für $R_{\mathrm{rp}} = R_{\mathrm{rs}} = 2\,\mathrm{k}\Omega$ und $47\,\mathrm{k}\Omega$ deutlich geringer ist. Für hohe Widerstandswerte $R_{\mathrm{rp}} = R_{\mathrm{rs}}$ dominieren andere Symmetrierungsmechanismen und der Einfluss der Widerstände kann vernachlässigt werden. Entsprechend Abschnitt 4.2.3 wirken die IGBTs durch spannungsabhängige Abschaltverluste selbst einer Asymmetrie der primärseitigen Zwischenkreisspannungen entgegen.

In Abbildung 4.20 ist der Einfluss der Unterschiede im Rekombinationsstrom dargestellt: Der Magnetisierungsstrom ist bei $L_{\mathrm{H}} = 12\,\mathrm{mH}$ minimal und die FES deaktiviert. Mit $R_{\mathrm{rp}} = R_{\mathrm{rs}} = 47\,\mathrm{k}\Omega$ ist der Einfluss der Symmetrierwiderstände vernachlässigbar. Die Höhe des Rekombinationsstromes ist abhängig von der in der IGBT-Basis gespeicherten Ladung und damit vom Resonanzstrom. Daher ist eine Abhängigkeit der Selbstsymmetrierung von der Höhe des Resonanzstromes zu erkennen, insbesondere für $i_{\mathrm{trafo}} \approx 0$ als Extremfall.

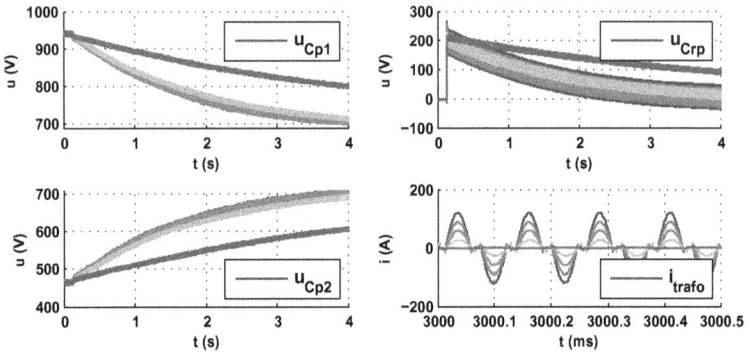

Abbildung 4.20: Darstellung des Einflusses des Rekombinationsstromes auf die Selbstsymmetrierung des 3L-NPC, es gilt $L_{\mathrm{H}} = 12\,\mathrm{mH}$, $R_{\mathrm{rp}} = R_{\mathrm{rs}} = 47\,\mathrm{k}\Omega$, $C_{\mathrm{p1}} = 2C_{\mathrm{p2}}$.

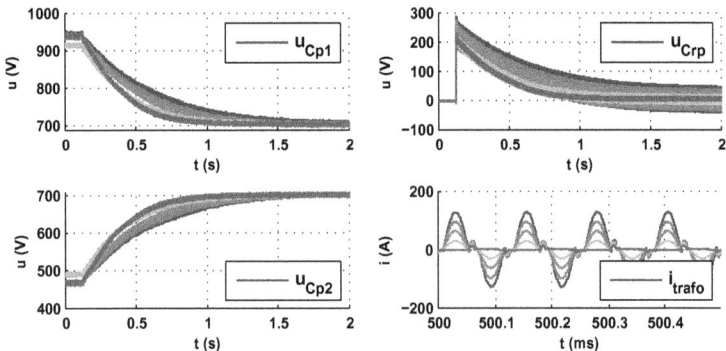

Abbildung 4.21: Darstellung des Einflusses der FES auf die Selbstsymmetrierung des 3L-NPC, es gilt $L_{\mathrm{H}} = 12\,\mathrm{mH}$, $R_{\mathrm{rp}} = R_{\mathrm{rs}} = 47\,\mathrm{k}\Omega$, $C_{\mathrm{p1}} = 2C_{\mathrm{p2}}$.

Man erkennt, dass der Mechanismus der Selbstsymmetrierung funktioniert, selbst für ungleich große primärseitige Zwischenkreiskondensatoren – für Abbildung 4.20 gilt $C_{p1} = 2C_{p2}(= 860\,\mu F)$. In Abbildung 4.21 ist die gleiche Messung unter Nutzung der FES wiederholt. Die primärseitige Zwischenkreisspannung symmetriert sich nun mehr als doppelt so schnell wie im Vergleich zu einem Betrieb ohne FES. Die Abhängigkeit vom Resonanzstrom ist deutlich schwächer und ist nun umgekehrt proportional zu diesem abhängig. Das liegt daran, dass für hohe Resonanzströme mehr Ladungsträger in der IGBT-Basis vorhanden sind, die den maximalen Strom und die Stromanstiegsgeschwindigkeit in der FES beeinflussen.

Durch die FES ist die Selbstsymmetrierung deutlich schneller als mit erhöhtem Magnetisierungsstrom (nicht dargestellt). Der FES-Strom wird nur durch die im Einschaltmoment über der FES anliegende Spannung und die Geschwindigkeit, mit der die N^--Basis des entsprechenden IGBT ausgeräumt wird bestimmt, während der Magnetisierungsstrom immer auch von der vorhergehenden Halbperiode abhängig ist. Damit hängt die Geschwindigkeit der Selbstsymmetrierung bei erhöhtem Magnetisierungsstrom, genau wie in Abbildung 4.20, nur von der Spannungsabhängigkeit der Abschaltverluste der IGBTs ab – die Geschwindigkeit der Selbstsymmetrierung ändert sich nicht mit der Größe der Hauptfeldinduktivität[12]. Im Gegensatz dazu kann sich der FES-Strom von Halbperiode zu Halbperiode unabhängig ändern, siehe Abbildung 4.21 rechts unten, was einen direkt symmetrierenden Einfluss auf die primärseitige Zwischenkreisspannung hat.

Symmetrierung der Reihenschaltung von Halbbrücken

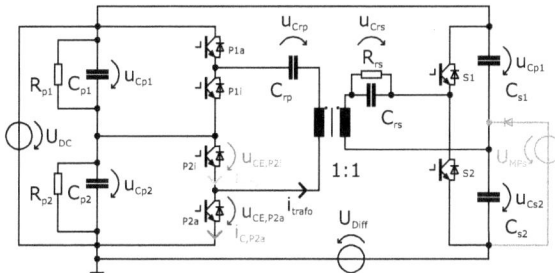

Abbildung 4.22: Schaltung des Teststandes (Niederspannung) zur experimentellen Überprüfung des SRC mit in Reihe geschalteten Halbbrücken

Der Teststand in Abbildung 4.17 kann so modifiziert werden, dass eine Reihenschaltung von Halbbrücken untersucht werden kann. Damit ergibt sich die in Abbildung 4.22 gezeigte Verschaltung.

Im Unterschied zur 3L-NPC-Topologie sind, wie in Abschnitt 4.2.2 (Abbildung 4.14) beschrieben, in einer Halbperiode entweder beide primärseitigen Zwischenkreiskondensatoren im Pfad des Resonanzstromes oder keiner. Entsprechend entfällt die symmetrierende Wirkung der FES, wie in Abbildung 4.23 dargestellt. Man erkennt, dass sich die Selbstsymmetrierung auf den Effekt der Spannungsabhängigkeit der Halbleiterverluste reduziert. Über die Sekundärseite wird nur der Gleichspannungsanteil auf dem primärseitigen Resonanzkondensator C_{rp} beeinflusst, nicht jedoch die Symmetrie der primärseitigen Zwischenkreiskondensatoren.

---

[12]jedoch ist die Abhängigkeit von der Höhe des Resonanzstromes für kleine L_H schwächer

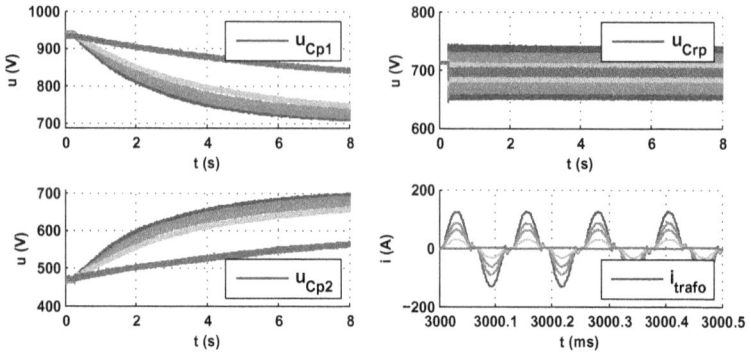

Abbildung 4.23: Darstellung des Einflusses der FES auf die Selbstsymmetrierung der Reihenschaltung von Halbbrücken, es gilt $L_\mathrm{H} = 12\,\mathrm{mH}$, $C_{\mathrm{p}1} = 2C_{\mathrm{p}2} = 860\,\mu\mathrm{F}$

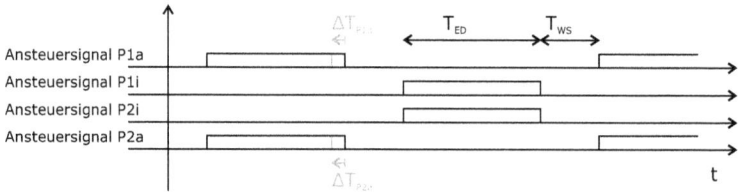

Abbildung 4.24: Graphische Darstellung der Variation der Einschaltzeiten von IGBT P1a und P2a als Möglichkeit der aktiven Beeinflussung der Symmetrie der primärseitigen Zwischenkreisspannungen

Alternativ kann die Symmetrie der primärseitigen Zwischenkreisspannung über aktive Regeleingriffe beeinflusst werden. Dazu muss die Einschaltzeit der äußeren IGBTs variiert werden, d.h. die Einschaltzeit T_ED wird um ΔT_P1a (IGBT P1a) oder ΔT_P2a (IGBT P2a) verringert, siehe dazu Abbildung 4.24.

Ein Funktionsnachweis ist in den Abbildungen 4.25 und 4.26 für $L_\mathrm{H} = 1\,\mathrm{mH}$ zu finden. Um die primärseitige Zwischenkreisspannung so zu beeinflussen, dass die Zwischenkreisspannung $u_{\mathrm{Cp}2}$ größer als $u_{\mathrm{Cp}1}$ wird, ist es unerheblich ob IGBT P2a etwas früher (Abbildung 4.25, $\Delta T_\mathrm{P2a} = 1\,\mu\mathrm{s}$) oder IGBT P1a etwas später (Abbildung 4.26, $\Delta T_\mathrm{P1a} = -1\,\mu\mathrm{s}$) abgeschaltet wird. Da im gezeigten Fall der Magnetisierungsstrom dominiert, muss die Energieflussrichtung ($U_\mathrm{diff} > 0$, bzw. $U_\mathrm{diff} < 0$) nicht beachtet werden. Wie in Abschnitt 3.3.3 gezeigt wurde, beeinflussen die hier gewählten geringfügigen Änderungen der Abschaltzeit von $1\,\mu\mathrm{s}$ die Verluste in den IGBTs nicht oder nur unerheblich.

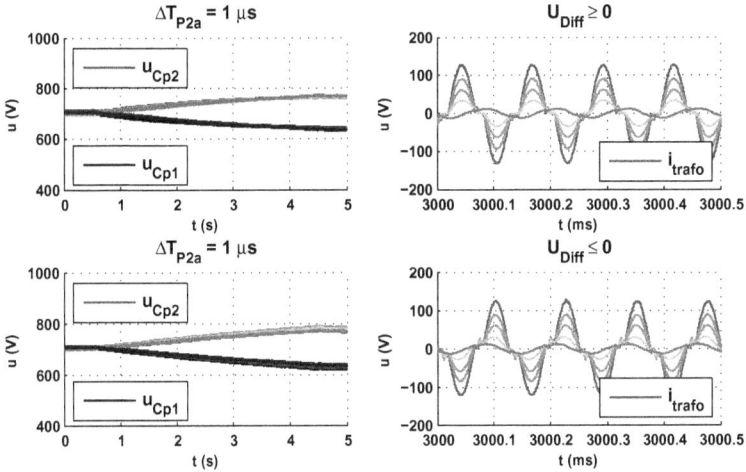

Abbildung 4.25: Funktionsnachweis der aktiven Beeinflussung der Symmetrie der primärseitigen Zwischenkreisspannungen durch Verkürzen der Einschaltdauer T_{P1a} von P1a ($L_H = 1\,\mathrm{mH}$)

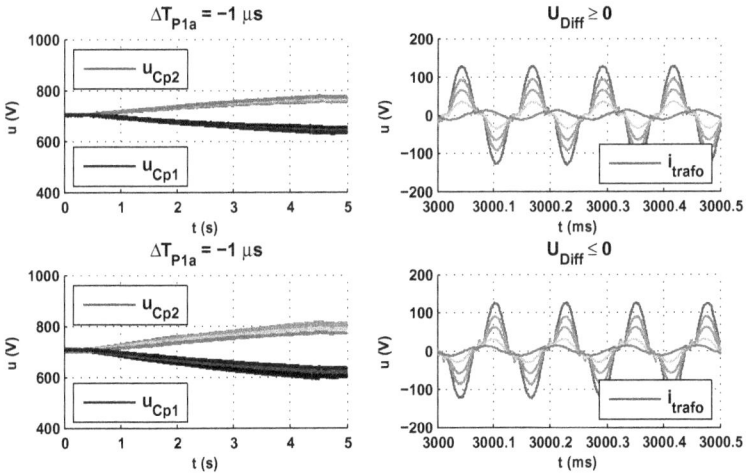

Abbildung 4.26: Funktionsnachweis der aktiven Beeinflussung der Symmetrie der primärseitigen Zwischenkreisspannungen durch Verlängern der Einschaltdauer T_{P2a} von P2a ($L_H = 1\,\mathrm{mH}$)

4.2.5 Verlustverteilung zwischen inneren und äußeren IGBTs

Durch eine symmetrische Aufteilung der Spannung über den primärseitigen Zwischenkreiskondensatoren kann eine gleichmäßige Aufteilung der Blockierspannungen zwischen den inneren und äußeren IGBTs gewährleistet werden. Damit kann jedoch noch keine Aussage getroffen werden, ob in allen IGBTs die gleiche Verlustleistung auftritt.

Mit dem in Abbildung 4.17 b) dargestellten Niederspannungsteststand kann maximal $U_{DC} = u_{Cp1} + u_{Cp2} = 1400\,V$ eingestellt werden. Außerdem kann die Sperrschichttemperatur der IGBT-Module nicht verändert werden. Mit den so bestimmten Verlusten können daher nur qualitative Aussagen über die Verteilung der Verluste zwischen den inneren und äußeren IGBTs getroffen werden. Das heißt im Gegensatz zu den vorhergehenden Messungen, bei denen der in Abschnitt 3.2 vorgestellte Teststand verwendet wurde, lässt sich nicht die Verlustleistung der Halbleiter im realen SRC bestimmen.

In Tabelle 4.6 sind die für die Bestimmung der Halbleiterverluste verwendeten Messgeräte aufgelistet, die Namen der Messgrößen beziehen sich dabei auf Abbildung 4.17 bzw. Abbildung 4.22.

Tabelle 4.6: Zuordnung der Messgrößen zu Messgeräten und Oszilloskop-Kanälen

$u_{Vcesat,P2a}$	Testec 9002, Differenztastkopf, 20:1	Oszilloskop 1, Kanal 1
$u_{Vcesat,P2i}$	Testec 9002, Differenztastkopf, 20:1	Oszilloskop 1, Kanal 2
i_{Dn2}	PEM CWT1X Rogowskispule, 300 A	Oszilloskop 1, Kanal 4
$u_{CE,P2a}$	Testec 9110, Differenztastkopf, 1000:1	Oszilloskop 2, Kanal 1
$u_{CE,P2i}$	Testec 9110, Differenztastkopf, 1000:1	Oszilloskop 2, Kanal 2
$i_{C,P2a}$	PEM CWT15 Rogowskispule, 3 kA	Oszilloskop 2, Kanal 3
$i_{C,P2i}$	PEM CWT15 Rogowskispule, 3 kA	Oszilloskop 2, Kanal 4

Äquivalent zu dem in Abschnitt 3.2 beschriebenen Vorgehen wird die Spannung u_{Vcesat} der Entsättigungsüberwachung von IGBT P2i und P2a gemessen. Die darüber berechnete Kollektor-Emitter-Spannung im Durchlassbereich wird im Gegensatz zu Abschnitt 3.2 nur zur Korrektur des Messversatzes der gemessenen Spannungen $u_{CE,P1a}$ und $u_{CE,P1i}$ verwendet. Bei der Messung der Kollektorströme $i_{C,P2i}$ und $i_{C,P2a}$ werden keine Hallsensoren zur Gleichanteilbestimmung eingesetzt. Durch die Anordnung der Rogowskispulen wird eine Einkopplung durch benachbarte Leiter minimiert, der Gleichanteil wird so bestimmt, dass $i_C = 0$ für den abgeschalteten IGBT gilt, während die komplementären IGBTs den Resonanzstrom führen.

Reihenschaltung von Halbbrücken

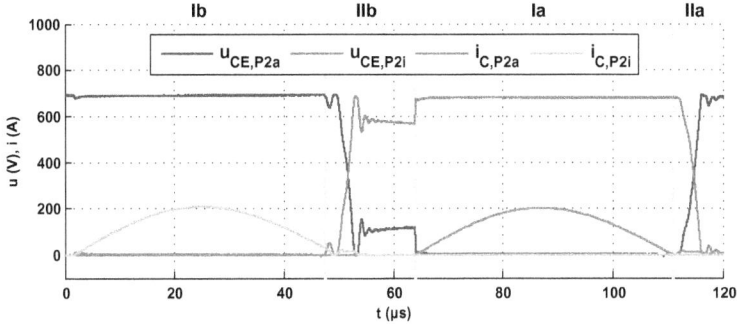

Abbildung 4.27: Verlauf von Kollektor-Emitter-Spannung und Kollektorstrom eines inneren und eines äußeren IGBTs bei der Reihenschaltung von Halbbrücken für einen Resonanzstrom mit $I_\text{max} = 200\,\text{A}$ ($L_\text{H} = 1\,\text{mH}$)

Bei der Reihenschaltung von Halbbrücken führen entweder die beiden inneren (P1i und P2i) oder die beiden äußeren IGBTs (P1a und P2a) gemeinsam den Resonanzstrom. Eine Messung der Strom- und Spannungsverläufe ist in Abbildung 4.27 zu finden. Die Bezeichnungen entsprechen denen in Abbildung 4.22. Die Abschnitte *Ia* bis *IIb* lassen sich leicht identifizieren und entsprechen den Bezeichnungen aus Abbildung 4.14 des Abschnitts 4.2.2.

In Abschnitt *Ia* ist die Frequenz des Resonanzstromes etwas höher als in Abschnitt *Ib*. Da in Abschnitt *Ia* die beiden primärseitigen Zwischenkreiskondensatoren im Pfad des Resonanzstromes liegen, reduziert sich gegenüber Abschnitt *Ib* die die Resonanzfrequenz bestimmende Kapazität von $C_\text{resp} = 50\,\mu\text{F}$ auf $1/(\frac{1}{C_\text{resp}} + \frac{1}{C_\text{p1}} + \frac{1}{C_\text{p2}}) \approx 45\,\mu\text{F}$. Damit ist in Abschnitt *Ib* $T_\text{res}/2 \approx 46\,\mu\text{s}$, in *Ib* dagegen $T_\text{res}/2 \approx 44{,}5\,\mu\text{s}$. Entsprechend Abschnitt 3.3.3 wird $T_\text{ED} < T_\text{res}/2$ gewählt, wodurch in Abschnitt *Ib* ein kleiner Strom abgeschaltet wird, erkennbar in Abbildung 4.27 bei $t \approx 48\,\mu\text{s}$.

In Abbildung 4.28 sind die Verluste für den inneren und den äußeren IGBT über dem Resonanzstrom aufgetragen. Für hohe Resonanzströme wird der Einfluss des früheren Abschaltens erkennbar. Die im inneren IGBT entstehenden Verluste sind etwas geringer als im äußeren. Um – falls notwendig – die Verluste zu vergleichmäßigen, kann die Einschaltdauer T_ED der äußeren IGBTs entsprechend angepasst werden. Auf die Verluste der Dioden beim Rückspeisebetrieb haben die Unterschiede der Resonanzfrequenz keinen messbaren Einfluss.

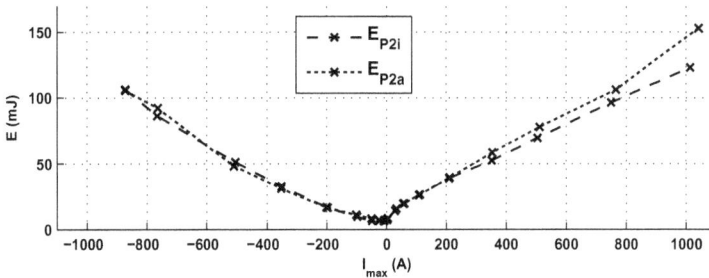

Abbildung 4.28: Verluste im inneren (P2i, – –) und äußeren IGBT (P2a $\cdots$) der Reihenschaltung von Halbbrücken über dem Resonanzstrom I_max für $L_\text{H} = 1\,\text{mH}$

3L-NPC

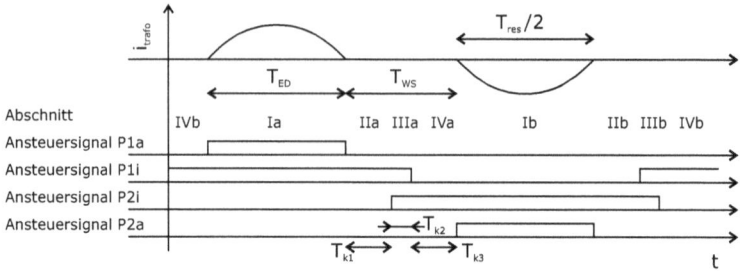

Abbildung 4.29: Ansteuersingale der Schalter des 3L-NPC, die Bezeichnungen der Abschnitte entspricht denen in Abbildung 4.13

Im Gegensatz zur Reihenschaltung von Halbbrücken fließt beim 3L-NPC der Resonanzstrom immer gleichzeitig durch einen inneren und einen äußeren IGBT und die Frequenz des Resonanzstromes bleibt konstant. Die Kommutierung beim 3L-NPC ist jedoch komplexer und bietet mehrere Freiheitsgrade, siehe Abbildung 4.29. Während bei der Reihenschaltung von Halbbrücken durch die Wahl der Einschaltdauer und der Schaltfrequenz alle Zeiten festgelegt sind, können beim 3L-NPC zwei der Kommutierungszeiten T_{k1}, T_{k2} und T_{k3} frei gewählt werden.

Um den Einfluss der Kommutierungszeiten auf die Halbleiterverluste und deren Verteilung zwischen inneren und äußeren IGBTs zu untersuchen, wird vereinfachend $T_{k2} = 1\,\mu$s festgelegt. Da $T_{ED} = 46{,}5\,\mu$s und somit $T_{WS} = 16\,\mu$s ist, wenn T_{k1} frei gewählt wird, $T_{k3} = 16\,\mu\text{s} - 1\,\mu\text{s} - T_{k1}$ festgelegt.

In Abbildung 4.30 sind die Strom- und Spannungsverläufe an IGBT P2a und P2i sowie der Verlauf des Stromes durch die Diode Dn2 für $T_{k1} = 2{,}5\,\mu$s dargestellt.

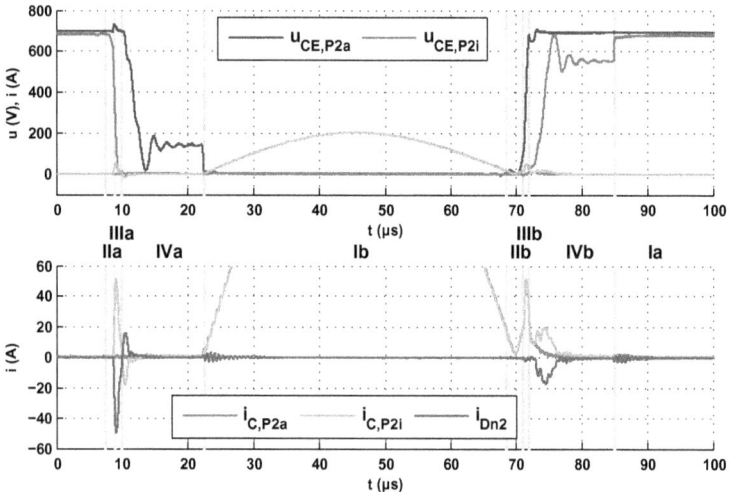

Abbildung 4.30: Verlauf von Kollektor-Emitter-Spannung und Kollektorstrom eines inneren und eines äußeren IGBTs sowie der Strom durch die NPC-Diode Dn2 im 3L-NPC für einen Resonanzstrom mit $I_{\max} = 200\,$A für $L_H = 1\,$mH und $T_{k1} = 2{,}5\,\mu$s

In Abschnitt *Ib* fließt der Resonanzstrom durch beide IGBTs P2a und P2i. Bei $t \approx 69\,\mu s$ wird IGBT P2a ausgeschaltet (Abschnitt *IIb*). Bereits bei $t \approx 71,5\,\mu s$ wird IGBT P1i eingeschaltet (Abschnitt *IIIb*) und es fließt ein Rekombinationsstrom durch P2a, P2i sowie P1i und Dn1 (nicht dargestellt), der die N$^-$-Basis von IGBT P2a ausräumt. P2a übernimmt Spannung, der Magnetisierungsstrom kommutiert auf Diode Dn2. Nach der Wartezeit $T_{k2} = 1\,\mu s$ wird IGBT P2i abgeschaltet und durch den Magnetisierungsstrom ausgeräumt. So kann IGBT P1a spannungslos einschalten, es fließt kein Rekombinationsstrom. Bei $t \approx 9\,\mu s$ ist der Rekombinationsstrom zu erkennen, der nach dem Einschalten von P2i über P1a, P1i (nicht dargestellt) sowie P2i und Dn2 fließt. Da der Rekombinationsstrom steil abfällt, schaltet die Diode Dn2 mit einer deutlich erkennbaren Rückstromspitze aus (Abschnitt *IV*), die auch in $i_{C,P2i}$ identifiziert werden kann.

In Abbildung 4.31 sind als Gegenbeispiel zu Abbildung 4.30 die entsprechenden Verläufe für $T_{k1} = 12,5\,\mu s$ dargestellt. Ausgangspunkt ist Abschnitt *Ib*, hier wird bei $t \approx 69\,\mu s$ P2a ausgeschaltet. Der Magentisierungsstrom fließt weiter durch P2a und räumt dessen N$^-$-Basis aus, so dass er bei $t \approx 74\,\mu s$ die komplette Spannung u_{Cp2} übernehmen kann und der Magnetisierungsstrom auf die Diode Dn2 kommutiert. Der geringe Unterschied in der Amplitude erklärt sich dadurch, dass ab $t \approx 74\,\mu s$ der gesamte Magnetisierungsstrom auf die Primärseite kommutiert ist, während davor ein kleiner Anteil in Sperrrichtung durch die Inversdiode von IGBT S2 auf der Sekundärseite fließt (vgl. dazu Abschnitt 3.3.2). Erst bei $t \approx 81,5\,\mu s$ wird IGBT P1a eingeschaltet, 1 µs später wird P2i abgeschaltet. Die N$^-$-Basis von P2i wird durch den Magnetisierungsstrom ausgeräumt, so dass P2i die volle Spannung u_{Cp1} übernehmen kann. Damit fließt beim Einschalten von IGBT P1a kein Rekombinationsstrom. Im Unterschied zu Abbildung 4.30 fließt auch beim Einschalten von IGBT P2i kein Rekombinationsstrom, so dass bei $t \approx 19\,\mu s$ (Abschnitt *IIIa*) keine Änderung in $i_{C,P2i}$ oder i_{Dn2} erkennbar ist.

Obwohl in Abbildung 4.30 ($T_{k1} = 2,5\,\mu s$) zwischen dem Abschalten von IGBT P2a und dem Einschalten von IGBT P1i und in Abbildung 4.31 ($T_{k1} = 12,5\,\mu s$) zwischen dem Abschalten von IGBT P2i und dem Einschalten von IGBT P1a jeweils 2,5 µs liegen, tritt für $T_{k1} = 12,5\,\mu s$ kein Rekombinationsstrom auf. D.h. die beim Abschalten in der N$^-$-Basis von P2i vorhandene Speicherladung ist geringer als die in IGBT P2a für den in Abbildung 4.30 dargestellten Fall.

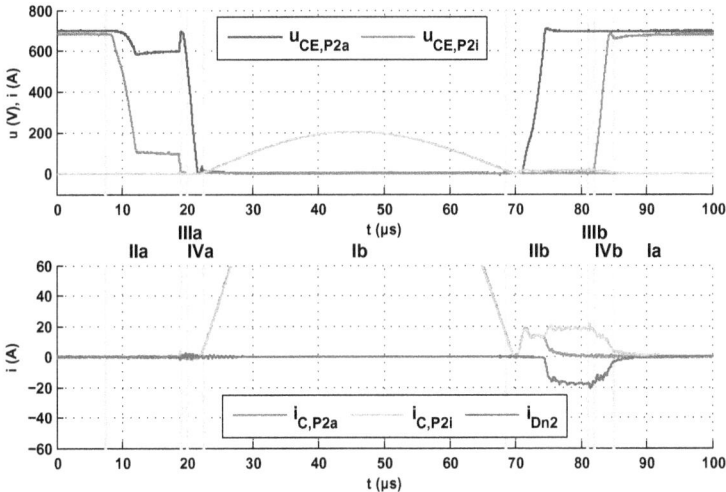

Abbildung 4.31: Verlauf von Kollektor-Emitter-Spannung und Kollektorstrom der inneren und äußeren IGBTs sowie des Stromes durch NPC-Diode Dn2 im 3L-NPC für einen Resonanzstrom $I_{max} = 200\,A$ mit $L_H = 1\,mH$ und $T_{k1} = 12,5\,\mu s$

Grund dafür ist, dass durch den durch P2i fließenden Magnetisierungsstrom Speicherladung abfließt, obwohl P2i dabei eingeschaltet bleibt. Die Speicherladung reduziert sich dabei jedoch nicht unter den Wert, der sich stationär bei einem Kollektorstrom von $i_C \approx 20\,A$ einstellen würde.

Für die NPC-Dioden ist in den hier gezeigten Fällen $T_{k1} = 12{,}5\,\mu s$ vorteilhafter als $T_{k1} = 2{,}5\,\mu s$. Obwohl durch die Diode in Abbildung 4.31 nach dem Einschalten ($t \approx 74\,\mu s$) ein höherer und längerer Strom fließt als in Abbildung 4.30 ($t \approx 72\,\mu s$), entstehen durch die schnell abfallende Rekombinationsstromspitze für $T_{k1} = 2{,}5\,\mu s$ deutlich höhere Abschaltverluste (Reverse Recovery) als für $T_{k1} = 12{,}5\,\mu s$, wo die Diode nahezu stromlos abschaltet. Daneben stellt das schnelle Abschalten eines geringen Stromes für Mittelspannungsdioden einen ungünstigen Betriebsfall dar. Im Extremfall, bei ungünstigem Diodendesign und ungünstigen Betriebsbedingungen, kann „Snappyness" auftreten, also das schnelle Abreißen des Diodenstromes, das eine hohe Überspannungsspitze und damit eine Zerstörung der Diode zur Folge haben kann [51]. Für hohe T_{k1}, für die diese Rekombinationsstromspitze nicht auftritt, können die in den NPC-Dioden auftretenden Verluste mit den für die IGBTs bei Nennspannung bestimmten Leerlaufverlusten mit entsprechender Hauptfeldinduktivität, die bis zu etwa $90\,mJ^{13}$ betragen können, nach oben abgeschätzt werden.

In Abbildung 4.32 sind die Halbleiterverluste des inneren (P2i) und äußeren IGBT (P2a) über dem Resonanzstrom I_{max} aufgetragen. Man erkennt, dass die Wahl einer geringen Zeit T_{k1} nicht nur die Gesamtverluste, sondern auch die Aufteilung der Verluste zwischen dem inneren und äußeren IGBT negativ beeinflusst. Zwar sind bei $T_{k1} = 7{,}5\,\mu s$, also $T_{k1} = T_{k3}$ die Verluste genau symmetrisch aufgeteilt, jedoch sind für höhere Werte von T_{k1} die Gesamtverluste niedriger. Allerdings sind in diesem Fall die Verluste und damit die Erwärmung der äußeren IGBTs höher als der inneren. Damit kann im abgeschalteten Zustand der Leckstrom des äußeren IGBTs größer werden als der des inneren, wodurch die entsprechende NPC-Diode nicht mehr einschaltet und eine Aufteilung der Blockierspannungen entsprechend der primärseitigen Zwischenkreisspannungen nicht mehr gewährleistet ist. In diesem Fall ist der Einsatz eines Widerstandes R_{NPC}, wie in Abbildung 4.17 dargestellt und im Teststand verwendet, erforderlich.

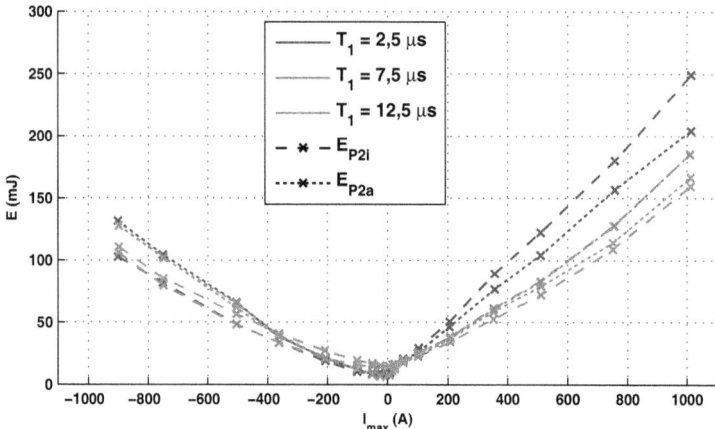

Abbildung 4.32: Verluste im inneren (P2i, – –) und äußeren IGBT (P2a $\cdots$) im 3L-NPC über dem Resonanzstrom I_{max} für $L_H = 1\,mH$

---

[13]Infineon FZ1000R33HE3/T_j = 125 °C/U_{CE} = 1,8 kV/$I_{C,P1,max}$ = 0 A/C_{resp} = 25 μF/C_{ress} = 25 μF/T_{ED} = 46 μs/L_H = 0,4 mH

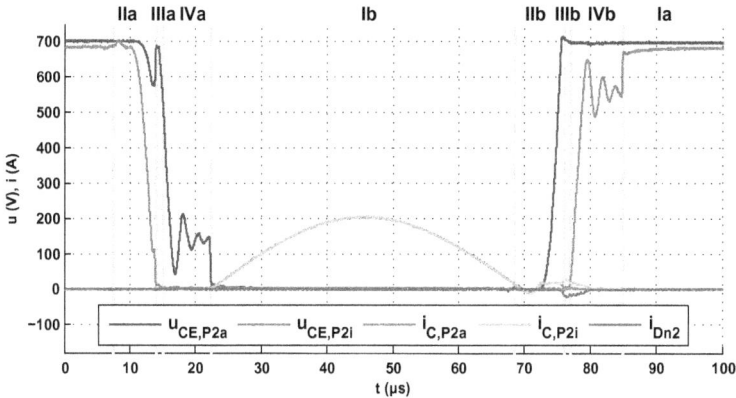

Abbildung 4.33: Verlauf von Kollektor-Emitter-Spannung und Kollektorstrom eines inneren eines äußeren IGBTs sowie des Stromes durch die NPC-Diode Dn2 im 3L-NPC für einen Resonanzstrom mit $I_{max} = 200\,\mathrm{A}$ für $L_H = 12\,\mathrm{mH}$ bei Einsatz der FES ($0\,\mu\mathrm{H}$) und $T_{k1} = 7{,}5\,\mu\mathrm{s}$

Auf die Diodenverluste hat die Wahl der Kommutierungszeit T_{k1} keinen Einfluss. Für hohe Ströme sind die Verluste in den äußeren Dioden höher, was daran liegt, dass diese beim Abschalten des Resonanzstromes direkt Spannung übernehmen. Im Gegensatz dazu bleibt parallel zu den inneren Dioden der entsprechende IGBT eingeschaltet, die Spannung steigt erst nach Abschalten des IGBTs an. Das führt jedoch bei kleinen Resonanzströmen und hohen T_{k1} dazu, dass der Magnetisierungsstrom von der Sekundär- komplett auf die Primärseite kommutiert, von den inneren IGBTs hart abgeschaltet wird und damit Zusatzverluste auftreten.

Wird die FES eingesetzt, ändert sich das prinzipielle Schaltverhalten nicht. In Abbildung 4.33 sind die Strom- und Spannungsverläufe an IGBT P2a und P2i sowie der Verlauf des Stromes durch die Diode Dn2 für $T_{k1} = 7{,}5\,\mu\mathrm{s}$ bei Einsatz der FES dargestellt. Der Strom durch die FES steigt dabei kontinuierlich an, während IGBT P2a ausgeräumt wird, da erst wenn P2a die

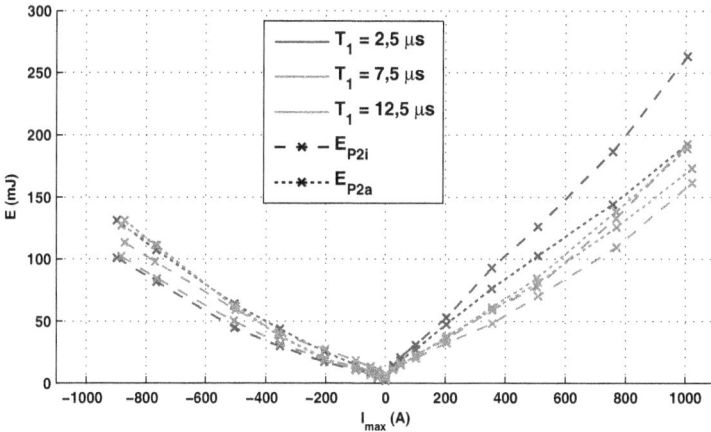

Abbildung 4.34: Verluste im inneren (P2i, – –) und äußeren IGBT (P2a $\cdots$) im 3L-NPC über dem Resonanzstrom I_{max} für $L_H = 12\,\mathrm{mH}$ bei Verwendung der FES ($0\,\mu\mathrm{H}$)

Spannung u_{Cp2} komplett übernommen hat keine Spannung mehr über der Hilfswicklung abfällt. Bis P2i abgeschaltet wird ist der FES-Strom näherungsweise konstant und sinkt mit steigender Spannung $u_{CE,P2i}$.

Da damit, im Gegensatz zum Magnetisierungsstrom, der FES-Strom, der zum Ausräumen der inneren IGBTs zur Verfügung steht, von der Länge des Abschnittes *IIa* bzw. *IIb* abhängt, stellen sich die Verluste und die Verlustverteilung für kleine T_{k1} noch ungünstiger dar als bei erhöhtem Magnetisierungsstrom, siehe Abbildung 4.34. Abgesehen davon und von den bei Einsatz der FES typisch niedrigeren Verlusten bei kleinen Resonanzströmen, sind die Verluste mit denen in Abbildung 4.32 für $L_H = 1\,\text{mH}$ vergleichbar.

4.2.6 Vergleich der Topologien

Im Vergleich der Topologien fällt auf, dass die im 3L-NPC auftretenden Halbleiterverluste bei entsprechender Wahl des Parameters T_{k1} in einer ähnlichen Größenordnung liegen wie bei der Reihenschaltung von Halbbrücken. Wird T_{k1} jedoch ungünstig, d.h. sehr klein gewählt, treten insgesamt höhere Verluste auf – in den hier untersuchten Fällen für hohe Resonanzströme bis zu 60 %. Zum anderen sind in diesem Fall die Verluste der inneren IGBTs um mehr als ein Drittel höher als in den äußeren.

Bei der Reihenschaltung von Halbbrücken muss der Unterschied in der Resonanzperiodendauer in den Abschnitten *Ia* und *Ib* und die dadurch verursachte Asymmetrie in der Verteilung der Verluste auf die IGBTs beachtet werden. Im hier untersuchten Fall beträgt der Unterschied der Verlustenergien bei hohen Resonanzströmen ca. 20 % und kann durch Anpassung der Schaltzeiten leicht reduziert werden. Im 3L-NPC tritt dieses Problem nicht auf.

Bei beiden Topologien existieren Mechanismen, die auf die Spannungsverteilung der primärseitigen Zwischenkreiskondensatoren symmetrierend wirken. Prinzipiell ist es daher bei beiden Topologien denkbar, die Symmetrie der primärseitigen Zwischenkreiskondensatoren nicht aktiv zu beeinflussen sondern nur zu überwachen. Der Einfluss der Streuung der Leistungshalbleiterparameter und von Bauelementtoleranzen auf diese Mechanismen der Symmetrierung sollte Gegenstand weiterführender Untersuchungen sein.

Der 3L-NPC bietet zusätzlich eine einfache Möglichkeit der passiven Symmetrierung über einen Widerstand parallel zu den Resonanzkondensatoren, die in dieser Weise bei der Reihenschaltung von Halbbrücken nicht angewendet werden kann. Eine aktive Beeinflussung der Symmetrie der primärseitigen Zwischenkreisspannungen kann dort jedoch über geringfügige Änderungen der Einschaltdauer der äußeren IGBTs erreicht werden[14]. Der Einsatz dieser Methode erfordert jedoch einen geschlossenen Regelkreis und bedeutet damit einen Mehraufwand an Mess- und Steuertechnik.

Damit bietet der Einsatz eines 3L-NPC auf der Primärseite des SRC einen topologischen Vorteil, der jedoch durch die zusätzlich notwendigen Dioden (Neutral Point Clamping Diodes) Dn1, Dn2 und die dort auftretenden Zusatzverluste gemindert wird.

---

[14]Diese Methode kann prinzipiell auch auf den 3L-NPC übertragen werden

Kapitel 5

Konzepte zur Mehrsystemfähigkeit

Das letzte Kapitel beschäftigt sich mit der Mehrsystemfähigkeit – also der Möglichkeit die Mittelfrequenztopologie in verschiedenen Traktionsspannungssystemen betreiben zu können. Dazu werden zunächst bestehende Mehrsystemkonzepte, deren Lösungsansätze prinzipiell auf die Mittelfrequenztopologie übertragbar sind, vorgestellt. Danach wird zunächst eine Variante zur Realisierung der Mittelfrequenztopologie für 15 kV / 16,7 Hz und 25 kV / 50 Hz vorgestellt. Die im Vergleich zu der bisher betrachteten Einsystemvariante auftretenden Probleme werden untersucht und entsprechende Dimensionierungsvorschriften für die netzseitigen Vierquadrantensteller und Zwischenkreiskondensatoren abgeleitet. Schließlich werden Schaltungsvarianten vorgestellt, mit denen sich volle Mehrsystemfähigkeit, d.h. auch 3 kV und 1,5 kV DC, erreichen lässt. Dabei ist die Realisierung von zwei dieser Varianten im Gegensatz zu den anderen mit wenig Aufwand möglich, wobei jedoch mit der etwas einfacher zu realisierenden unter 1,5 kV DC nicht die volle Traktionsleistung zur Verfügung steht.

5.1 Anforderungen an Traktionssysteme im grenzüberschreitenden Verkehr

Grenzüberschreitender Schienenverkehr ist eine der zentralen Anforderungen des geeinten Europas. Am Grenzübergang muss nicht mehr die Lokomotive gewechselt werden, vielmehr wird während des Durchfahrens der Trennstelle zwischen zwei Traktionssystemen eine Umgruppierung der Baugruppen des Traktionsstrangs über mechanische Schalter vorgenommen. Ein Halt des Zuges ist nicht mehr notwendig.

Das im Rahmen dieser Arbeit untersuchte Traktionssystem ist für den Betrieb bei einer Traktionsnetzspannung von 15 kV / 16,7 Hz ausgelegt. Für den späteren, erfolgreichen Einsatz der MF-Topologie ist es daher notwendig, Konzepte abzuleiten, mit denen sich die MF-Topologie unter den vier Traktionsnetzspannungen, die sich in Europa durchgesetzt haben, betreiben lässt: Neben 15 kV / 16,7 Hz (u.a. Deutschland, Österreich, Schweiz, z.T. Skandinavien) auch 25 kV / 50 Hz (u.a. Frankreich, Großbritannien, Finnland sowie Hochgeschwindigkeitsstrecken in Spanien, Italien und der Tschechischen Republik), 3 kV / DC (u.a. Polen, Italien, Spanien, Tschechische Republik) und 1,5 kV / DC (u.a. Niederlande und Südfrankreich). In Abbildung 5.1 sind die in der europäischen Norm DIN EN 50163 [81] festgelegten Grenzen, in denen die Spannungen der vier wichtigsten Traktionsnetzspannungen schwanken können, dargestellt.

Bei der Auslegung von mehrsystemfähigen Varianten der MF-Topologie müssen neben der Nennspannung auch diese Grenzen beachtet werden. Während in Europa die Wechselspannungsnetze als spannungssteif gelten, treten in Gleichspannungsnetzen transiente Vorgänge mit deutlich höheren Spannungen auf. Daneben kann die Netzspannung zur Reduktion der Leitungsverluste über die in der Norm angegebene Grenze hinaus dauerhaft erhöht sein.

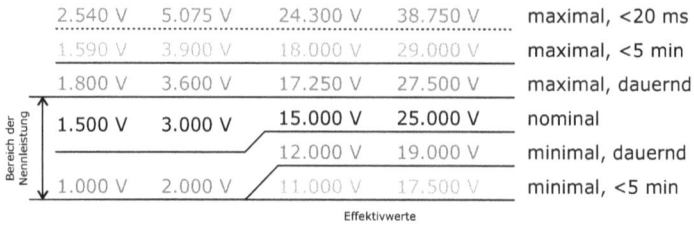

2.540 V	5.075 V	24.300 V	38.750 V	maximal, <20 ms
1.590 V	3.900 V	18.000 V	29.000 V	maximal, <5 min
1.800 V	3.600 V	17.250 V	27.500 V	maximal, dauernd
1.500 V	3.000 V	15.000 V	25.000 V	nominal
		12.000 V	19.000 V	minimal, dauernd
1.000 V	2.000 V	11.000 V	17.500 V	minimal, <5 min

Bereich der Nennleistung (left vertical label)

Effektivwerte

Abbildung 5.1: Graphische Darstellung der Anforderungen aus DIN EN 50163 [81]

5.2 Ausgewählte Realisierungen der Mehrsystemfähigkeit

Im Folgenden sollen einige existierende Mehrsystemlösungen vorgestellt werden, von denen Ansätze oder Grundideen auf die MF-Topologie übertragen werden können. Einen vollständigen und sehr guten Überblick, inklusive einem historischen Abriss der Entwicklung der Mehrsystemtopologien, ist in [82] zu finden.

5.2.1 Realisierungsmöglichkeiten für 15 kV und 25 kV AC Traktionsnetze

Wie schon in Abschnitt 2.1 ausgeführt, enthalten heutige Traktionssysteme sowohl für 15 kV / 16,7 Hz als auch für 25 kV / 50 Hz immer einen Transformator. Ist das Antriebssystem für Mehrsystemfähigkeit ausgelegt, wird typischerweise ein Transformator eingesetzt, der unter beiden Netzspannungen betrieben werden kann und dessen Sekundärwicklungen mit mehreren Abgriffen versehen sind, dargestellt in Abbildung 5.2. Abhängig von der Bahnnetzspannung werden die 4-QS über mechanische Schalter mit dem entsprechenden Abgriff verbunden. So können die 4-QS für einen vergleichsweise schmalen Eingangsspannungsbereich ausgelegt werden. Alternativ kann natürlich auch auf die mechanischen Schalter verzichtet werden, wie z.B. in [83] vorgestellt. Natürlich muss, wegen der unterschiedlichen Netzfrequenzen von 16,7 Hz bzw. 50 Hz der Saugkreis, der parallel zum Spannungszwischenkreis geschaltet ist, in seiner Frequenz anpassbar sein. Die in Abbildung 5.2 dargestellte Schaltungsvariante ist so z.B. in der EuroSprinter-Familie [84] realisiert. Oft wird in 50 Hz Anwendungen auch komplett auf den Saugkreis verzichtet [82].

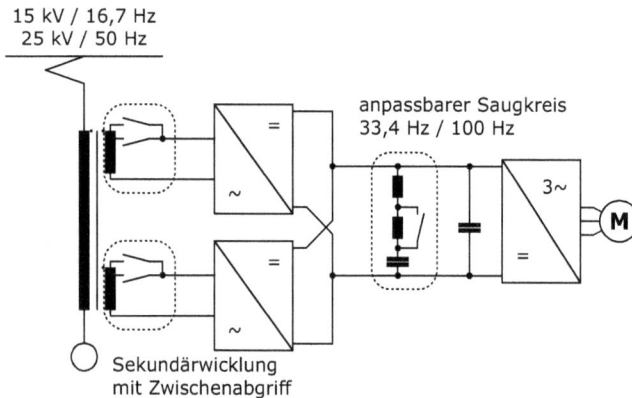

Abbildung 5.2: Mehrsystemlösung 25 kV / 15 kV mit konventionellem Transformator mit Sekundärwicklungen mit Zwischenanzapfungen und abstimmbarem Zwischenkreis

5.2.2 Realisierungsmöglichkeiten für 3 kV und 1,5 kV DC Traktionsnetze

Direktanschluss des Wechselrichters

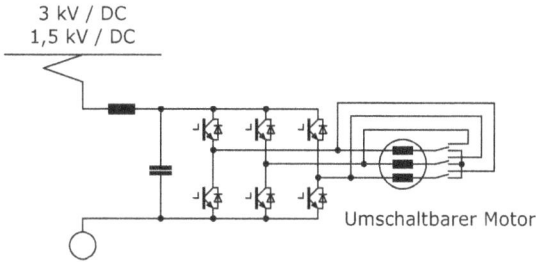

Abbildung 5.3: Direkter Anschluss des Motorwechselrichters über einen Filter an das Traktionsnetz, durch Umschalten des Motors in eine Dreieckkonfiguration wird einer zu starken Reduktion der Maximalleistung unter 1,5 kV entgegengewirkt

Die einfachste Möglichkeit einen Traktionsstrang an einem Gleichspannungsnetz zu betreiben, ist den Motorwechselrichter direkt über einen Filter mit dem Traktionsnetz zu verbinden. Mit der Einführung von 6,5 kV IGBTs konnte diese, bereits von Straßenbahnen bekannte, Lösung für 3 kV Netze realisiert werden. Nachteilig ist jedoch, dass der Wechselrichter für einen weiteren Spannungsbereich ausgelegt werden muss, da die Netzspannung in breiten Bereichen schwanken kann, siehe Abbildung 5.1. Für Fahrten unter 1,5 kV sinkt die maximal erreichbare Motorleistung stark ab. Dieser Effekt kann mit der dargestellten Stern-/Dreieck-Umschaltung des Motors abgemildert werden. Unter 1,5 kV wird der Motor in Dreieckschaltung betrieben, die Maximalleistung ist nun theoretisch nur noch auf $\left(\frac{\sqrt{3}}{2}\right)^2 \approx 75\,\%$ begrenzt[1] – dafür muss der Wechselrichter auf einen höheren Ausgangsstrom ausgelegt werden [82].

Typisches Beispiel für diese Konfiguration ist die EuroSprinter-Familie (BR189) von Siemens [82]–[87]. Die Maximalleistung von 6 MW (für 3 kV DC) ist dabei im Betrieb am 1,5 kV Netz auf 4,2 MW begrenzt. Die Sekundärwicklungen des Transformators, die Saugkreisdrosseln und der Saugkreiskondensator werden unter 3 kV und 1,5 kV so umgruppiert, dass sie den Eingangsfilter bilden.

Der Vorteil dieser Variante liegt im sehr einfachen Aufbau und der geringen Anzahl an Leistungshalbleitern. Nachteilig ist, dass der Wechselrichter für die stark schwankende Eingangsspannung ausgelegt werden muss. Damit ist der maximale Ausgangsstrom und evtl. die Baugröße gegenüber einem Wechselrichter, der an einer festen, geregelten Zwischenkreisspannung betrieben wird, erhöht. Wird ein Motor eingesetzt, der sich von der Stern- zur Dreieckschaltung umschalten lässt, verdoppelt sich der Verkabelungsaufwand für die Motoren und ein entsprechender Umschalter muss vorgesehen werden.

Hoch- und Tiefsetzsteller

Um die Nachteile einer schwankenden Zwischenkreisspannung zu umgehen, kann zwischen Netz und Spannungszwischenkreis ein Hoch- oder Tiefsetzsteller geschaltet werden. In Abbildung 5.4 sind beide Varianten dargestellt. Die Zwischenkreisspannung wird dabei auf einen festen Wert von etwa 2,8 kV geregelt. Der Motorwechselrichter ist für diesen Wert optimiert und muss nicht für eine schwankende Zwischenkreisspannung ausgelegt werden.

---

[1]Bei Annahme einer typischerweise verwendeten Asynchronmaschine.

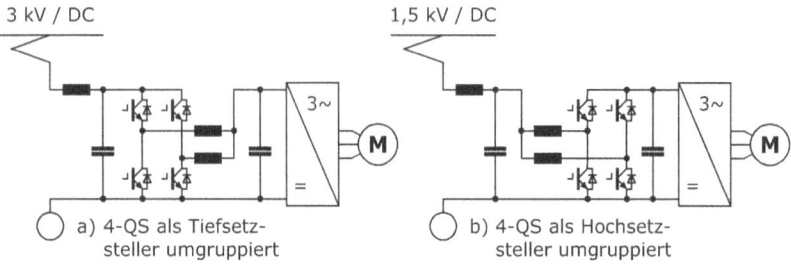

Abbildung 5.4: Einsatz eines a) Tief- oder b) Hochsetzstellers zwischen Netz und Spanungszwischenkreis

Dieser Ansatz wird von Bombardier in der TRAXX-Serie verfolgt [88]. Ähnliche Beispiele sind die Dreisystemlokomotive Astride 36000 [89] oder die Baureihe PRIMA[2] von Alstom [90]. Wie in Abbildung 5.4 gezeigt, können die 4-QS über mechanische Schalter als Hoch- oder Tiefsetzsteller umgruppiert werden (Schalter nicht dargestellt). Als Filter werden auch hier die Sekundärwicklungen des Transformators und der Saugkreiskondensator eingesetzt. Die Saugkreisinduktivitäten dienen gleichzeitig als Drosseln der Hoch- und Tiefsetzsteller. Die Mehrfachnutzung der passiven und aktiven Komponenten erfordert jedoch einen hohen Aufwand an mechanischen Umschaltern und schränkt die Möglichkeiten der Gewichtsoptimierung der passiven Bauteile ein.

Verkreuzte Chopperschaltungen

Sollen Wechselrichter, Hoch- oder Tiefsetzsteller direkt an das 3 kV Traktionsnetz angeschlossen werden, müssen entweder 6,5 kV IGBTs oder eine Mehrpunkttopologie eingesetzt werden. Um auch mit Halbleitern geringerer Sperrspannung ein Traktionssystem für den Betrieb an 3 kV realisieren zu können, müssen andere Schaltungen verwendet werden. Die in Abbildung 5.5 dargestellten Schaltungen wurden vor allem für Mehrsystemlokomotiven mit GTO-Stromrichtern entwickelt.

Mit einer auf 4,5 kV begrenzten Blockierspannung war die maximale Zwischenkreisspannung von GTO-Wechselrichtern auf etwa 2,8 kV begrenzt. Mit der in Abbildung 5.5 a) dargestellten Schaltung können die Spannungen der beiden Zwischenkreise zwischen der halben und der vollen Netzspannung eingestellt werden. Die Summe der Zwischenkreisspannungen entspricht dabei der Netzspannung, wenn im oberen 4-QS die beiden unteren und im unteren 4-QS die beiden oberen Schalter ständig eingeschaltet sind. Sind hingegen im oberen 4-QS die beiden oberen und im unteren 4-QS die beiden unteren Schalter ständig eingeschaltet, entsprechen die Zwischenkreisspannungen jeweils der Netzspannung. Durch entsprechendes Takten der Schalter werden die Zwischenkreisspannungen jeweils auf einen Wert zwischen halber und voller Netzspannung eingestellt. Diese Variante wurde beispielsweise in der Mehrsystemvariante des ICE3 (BR406) und der Lokomotive RENFE S252 [82],[85],[91] umgesetzt.

Eine ähnliche Variante, die jedoch auch mit einer ungeraden Anzahl von Wechselrichtern realisiert werden kann, ist in Abbildung 5.5 b) dargestellt. Die Zwischenkreisspannung kann dabei theoretisch zwischen 0 und der Netzspannung eingestellt werden. Diese Variante wurde beispielsweise im Triebzug RENFE 447 eingesetzt [85].

---

[2]Bei der PRIMA Baureihe fließt unter 3 kV der komplette Traktionsstrom über zwei Inversdioden der IGBTs des 4-QS. Der 4-QS wird jedoch nicht als Tiefsetzsteller betrieben.

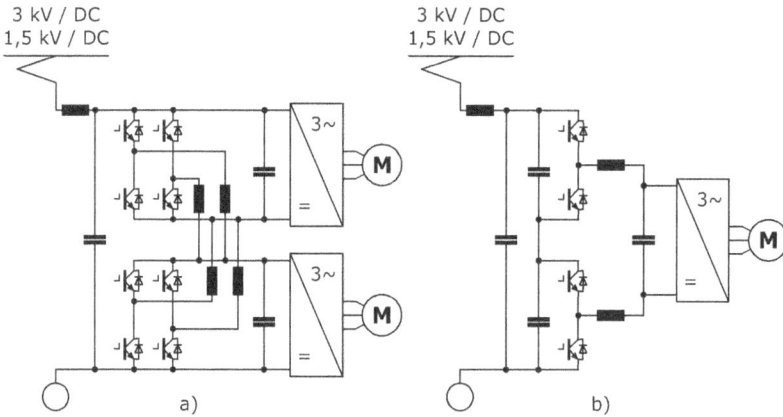

Abbildung 5.5: Chopperschaltungen, bei denen die Halbleiter nicht die volle Netzspannung blockieren müssen

Verwendung eines zusätzlichen Wechselrichters

Eine weitere Variante der Realisierung der Mehrsystemfähigkeit ist in Abbildung 5.6 dargestellt. Bei Betrieb unter 3 kV wird ein zusätzlicher 4-QS, der als Wechselrichter verwendet wird über einen Filter an das Traktionsnetz angeschlossen. Dieser Wechselrichter speist eine zusätzliche Wicklung des vorhandenen Transformators. Damit ist keine Änderung oder Umgruppierung der 4-QS und des Wechselrichters bzw. der Wechselrichter im Traktionsstrang notwendig. Netz und Traktionsstrang sind galvanisch getrennt.

Diese Variante wird von ABB in den von Stadler hergestellten FLIRT Fahrzeugen verfolgt, da durch die Verwendung einer Zwischenkreisspannung von nur 750 V ein Tiefsetzsteller nicht wirtschaftlich eingesetzt werden kann [82],[92].

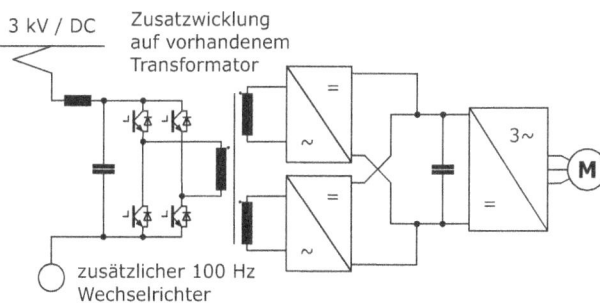

Abbildung 5.6: Einsatz eines zusätzlichen Wechselrichters, der über eine Zusatzwindung auf dem Transformator den Traktionsstrang speist

Aktiver Spannungsteiler

Ein sehr spezielles Konzept, das den Betrieb an einem 3 kV DC Netz mit Halbleitern begrenzter Blockierspannung erlaubt, wurde von Alstom in einem Prototypen der PRIMA Reihe vorgestellt, jedoch nicht weiter verfolgt [82],[85],[93]. Die Schaltung für 3 kV ist in Abbildung 5.7 a) dargestellt.

Die beiden in Serie geschalteten 4-QS sind über den Transformator gekoppelt und bilden mit diesem einen DC/DC-Konverter, dargestellt in Abbildung 5.7 b). Die Primär- und die Sekundärseite des DC/DC-Konverters sind dabei in Reihe geschaltet. Um den stationären Zustand des Systems zu untersuchen, kann man die Schaltung entsprechend Abbildung 5.7 c) vereinfachen. Der DC/DC-Konverter ist durch eine gesteuerte Spannungs- und Stromquelle ersetzt. Betreibt man den DC/DC-Konverter ungeregelt, so dass allein die Primär- der Sekundärspannung entspricht, stellt sich die Spannungszwischenkreis die Spannung u ein, mit der der Motorwechselrichter betrieben wird. Dabei ist die Netzspannung $2u$, der Netzstrom i ist der halbe Wechselrichterstrom $2i$. Damit stellt die Schaltung einen aktiven Spannungsteiler (oder -halbierer) dar, wobei über den DC/DC-Konverter (die 4-QS und den Transformator) nur die halbe Traktionsleistung fließt. Damit kann der Wechselrichter auch unter 3 kV mit der vollen Leistung betrieben werden, ohne dass die installierte 4-QS Leistung gegenüber dem Wechselspannungsbetrieb erhöht werden muss.

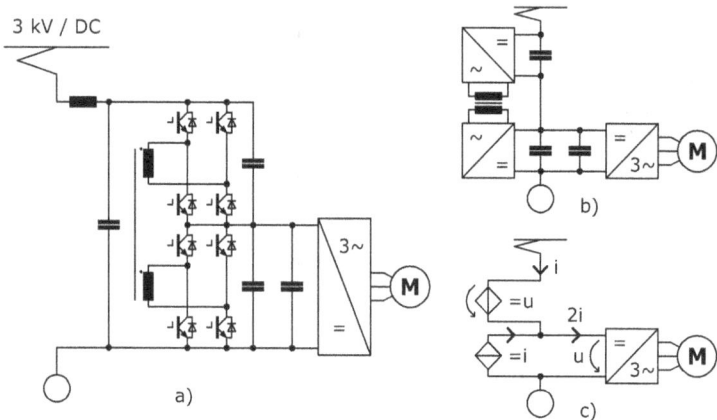

Abbildung 5.7: 4-QS und Transformator als aktiver Spannungsteiler, von Alstom in einem Prototyen der PRIMA-Reihe vorgestellt

5.3   Realisierungsmöglichkeiten bei Einsatz der MF-Topologie

5.3.1   15 kV und 25 kV AC Traktionsnetz

Während bei einer Erweiterung der MF-Topologie für eine Zweisystemfähigkeit mit 15 kV / 16,7 Hz und 25 kV / 50 Hz die erhöhte Netzfrequenz kein Problem darstellt, muss der Konverter für die höhere Netzspannung angepasst werden. Am einfachsten geschieht dies über eine Erhöhung der Anzahl der MF-Module. Für die Auslegung der MF-Topologie für 25 kV kann man den in Abbildung 5.1 gezeigten Grenzwert von 29 kV, der für maximal 5 Minuten im Netz auftreten kann, zugrunde legen. Vor höheren Netzspannungen, die nur kurzzeitig anliegen können (< 20 ms), muss die MF-Topologie passiv, z. B. mit Überspannungsableitern, geschützt werden.

Legt man eine Spannungsreserve von 5 % zugrunde und nimmt an, dass die am primärseitigen Kondensator anliegende Spannung einen Wert von 3,4 kV – was einer Zwischenkreisspannung von 1,7 kV entspricht – nicht unterschreitet, ergibt sich die minimal benötigte Modulanzahl zu

$$N_{25\text{kV,min}} = \frac{\sqrt{2} \cdot 29\,\text{kV}}{0{,}95 \cdot 3{,}4\,\text{kV}} = 12{,}7 \tag{5.1}$$

d.h. 13 Modulen. Um entsprechend der Auslegung für 15 kV auch bei Ausfall eines Moduls den Betrieb der MF-Topologie sicher fortsetzen zu können, sollte ein zusätzliches Modul eingebaut werden. Damit entspricht die Anzahl der benötigten Module 14.

Entsprechend Abbildung 5.1 wäre der Netzspannungsbereich, in dem die so ausgelegte MF-Topologie mit voller Nennleistung betrieben werden müsste, 12 ... 27,5 kV. Das bedeutet, dass der Modulationsindex der 4-QS über einen weiten Bereich (etwa 0,3 ... 0,8) verändert wird. Damit speisen die 4-QS bei kleinen Netzspannungen kurze Strompulse hoher Amplitude in die jeweiligen primärseitigen Zwischenkreiskondensatoren. Dadurch wird das schwingfähige System aus primärseitigem Zwischenkreiskondensator und DC/DC-Konverter stark angeregt. Im Extremfall schwingt Energie über den DC/DC-Konverter zwischen Primär- und Sekundärseite. Ein deutliches Beispiel dafür ist in Abbildung 5.8 dargestellt. Hier ist $C_\text{p} = 500\,\mu\text{F}$ ($C_{p1} = C_{p2} = 1\,\text{mF}$), $f_{4QS} = 400\,\text{Hz}$ bei $P_\text{netz} = 3\,\text{MW}$ – jedoch links bei $U_\text{netz} = 27,5\,\text{kV}$, rechts für $U_\text{netz} = 12\,\text{kV}$. Die Simulation wurde analog der in Abschnitt 4.1.2 vorgestellten Vorgehensweise und mit dem dort vorgestellten Simulationsmodell des 4-QS und dem einfachen Modulator durchgeführt, jedoch unter Vernachlässigung des Netzfilters. Als Modell des DC/DC-Konverters wird das in Abbildung 4.9 (Seite 69) dargestellte verwendet.

Man erkennt, dass bei sonst gleichen Bedingungen beim Betrieb mit $U_\text{netz} = 12\,\text{kV}$ starke Schwingungen auftreten. Dies führt zu einer deutlichen Erhöhung der Halbleiterverluste. Der Nennstrom von $I_{C,\text{nom}} = 1000\,\text{A}$ der hier angenommenen Module (Infineon FZ1000R33HE3) wird überschritten. Äquivalent zu Abschnitt 4.1.2 kann diesem Effekt entweder durch eine Erhöhung der primärseitigen Zwischenkreiskapazität oder der Schaltfrequenz des 4-QS entgegengewirkt werden. Um eine grobe Abschätzung des Einflusses von C_p und f_{4QS} zu ermöglichen, ist in Abbildung 5.9 die Grenze eingezeichnet, unterhalb der für einen gegebenen Wert von C_p bei Variation der Schaltfrequenz des 4-QS f_{4QS}, der kleinste in IGBT P1 auftretende Strompuls i_{P1} einen Wert von $-5\,\text{A}$ unterschreitet. Dieser Grenzwert wurde entsprechend dem in Abbildung 4.8 (Seite ??) verwendeten ausgewählt.

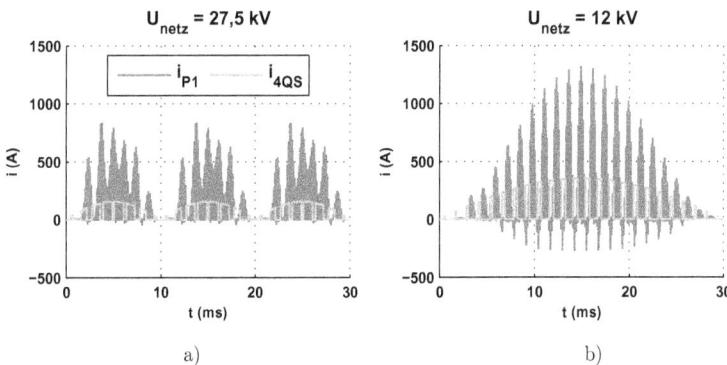

a)   b)

Abbildung 5.8: Ausgangsstrom eines 4-QS und Strom durch IGBT P1 eines DCD/DC-Konverters für $P_\text{netz} = 3\,\text{MW}$ mit $C_\text{p} = 500\,\mu\text{F}$ ($C_{p1} = C_{p2} = 1\,\text{mF}$), $f_{4QS} = 400\,\text{Hz}$ für a) $U_\text{netz} = 27,5\,\text{kV}$ und b) $U_\text{netz} = 12\,\text{kV}$

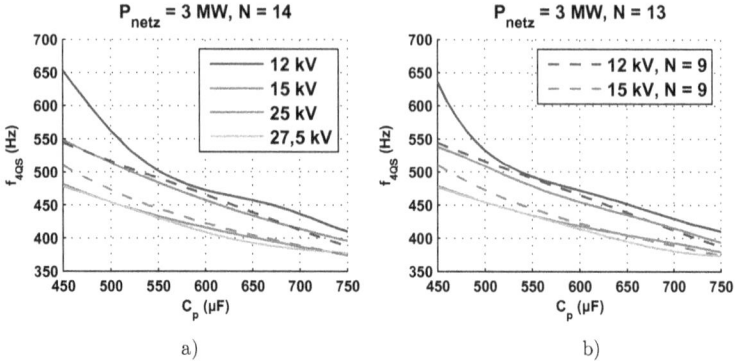

Abbildung 5.9: Mindestens benötigte 4-QS Schaltfrequenz f_{4QS}, um für verschiedene Werte des primärseitigen Zwischenkreiskondensators C_p bei $P_{netz} = 3\,MW$ das Rückschwingen von Energie durch den DC/DC-Konverter zu verhindern

Die so gewonnenen Kurven können als Grenzwerte der Schaltfrequenz des 4-QS verstanden werden, unter denen die Halbleiterverluste in den DC/DC-Konvertern wegen des Effektes oszillierender Energie zu steigen beginnen. Alle Kurven wurden simulativ ermittelt, indem für einen gegebenen Wert C_p die Schaltfrequenz des 4-QS von $f_{4QS} = 700\,Hz$ in Schritten von 5 Hz so lange reduziert wurde, bis $\min(i_{P1}) < -5\,A$. Der dargestellte Verlauf der so gewonnenen Werte wurde über ein Polynom 5. Ordnung angenähert.

Man erkennt, dass der Einfluss der Schaltfrequenz des 4-QS f_{4QS} erwartungsgemäß vor allem für kleine Werte von C_p groß ist. Weiter wird deutlich, dass sich die ermittelte Grenze für hohe Modulationsindizes kaum ändert (vgl. $U_{netz} = 25\,kV$ und $U_{netz} = 27,5\,kV$ für $N = 13$ und $N = 14$).

Alternativ könnten, analog der in Abschnitt 5.2.1 vorgestellten konventionellen Zweisystemvariante mit Transformator, im Betrieb bei 15 kV vier oder fünf der Module netzseitig kurzgeschlossen werden. Das könnte über die IGBTs der 4-QS realisiert werden. Damit würde sich die Grenze der minimal erforderlichen Schaltfrequenz des 4-QS entsprechend nach unten verschieben, siehe Abbildung 5.9, gestrichelte Linien. Dieses Vorgehen bringt jedoch nur für kleine Werte von C_p Vorteile und bedeutet gleichzeitig, dass die Nennleistung der aktiven DC/DC-Konverter erhöht werden muss.

5.3.2   3 kV und 1,5 kV DC Traktionsnetz

Direktanschluss des Wechselrichters

Die einfachste Möglichkeit den Betrieb der MF-Topologie in Gleichspannungsnetzen zu ermöglichen, ist den Wechselrichter für direkten Anschluss an das 3 kV DC Netz auszulegen, d.h. 6,5 kV IGBTs einzusetzen. Damit müssen jedoch die Schaltung des DC/DC-Konverters angepasst und primär- sowie sekundärseitig Mehrpunkttopologien eingesetzt werden. Eine mögliche Realisierung ist in Abbildung 5.10 dargestellt.

In der gezeigten Variante ist je ein Pantograph für die AC- und einer für die DC-Spannungen vorgesehen. Äquivalent zu der in Abschnitt 5.2.2, Abbildung 5.3, vorgestellten Variante („EuroSprinter") könnte durch eine Stern-Dreieck-Umschaltung des Motors eine zu starke Reduktion der maximalen Motorleistung vermieden werden, falls der Betrieb unter 1,5 kV gefordert ist.

103

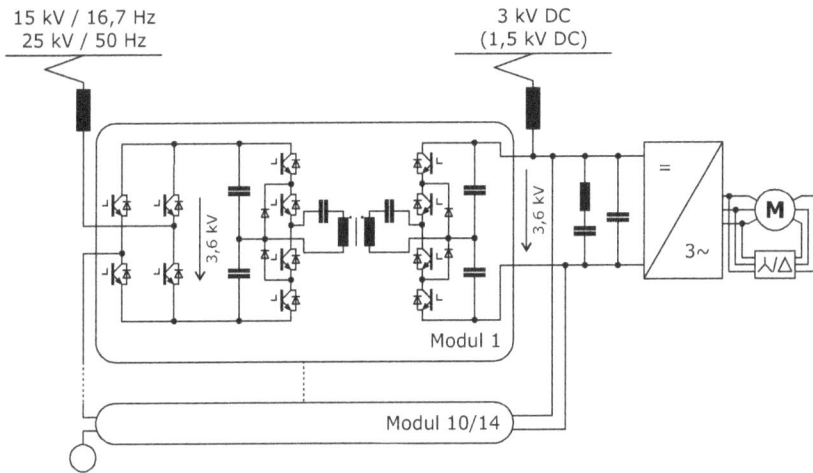

Abbildung 5.10: Einfache Realisierung der vollen Mehrsystemfähigkeit, wobei der Wechselrichter mit 6,5 kV IGBTs realisiert ist und damit direkt an 3 kV DC betrieben werden kann

Hoch- und Tiefsetzsteller

Der Einsatz von hart schaltenden Hoch- oder Tiefsetzstellern ist für den Einsatz in der MF-Topologie nicht sinnvoll. Mit der gewählten Zwischenkreisspannung von 1,8 kV läge im Betrieb am 3 kV DC Netz die Netzspannung um bis zu Faktor 2,2 höher als die Zwischenkreisspannung. Zwar sind prinzipiell ausreichend 6,5 kV IGBTs in hart schaltenden 4-QS vorhanden, die zu Tiefsetzstellern umgruppiert werden könnten. Diese sind im AC-Betrieb jedoch mit Netzpotential verbunden, so dass alle mechanischen Schalter, die zur Umgruppierung genutzt werden, für diese Netzspannung ausgelegt werden müssen. Damit ist deren Baugröße um ein vielfaches höher, als in konventionellen mehrsystemfähigen Traktionssystemen zur Umgruppierung eingesetzte Schalter.

Zusätzlicher Wechselrichter

Äquivalent zu der von Stadler in den FLIRT Fahrzeugen eingesetzten Mehrsystemlösung von ABB, den Betrieb unter 3 kV DC über einen zusätzlichen Wechselrichter und eine Zusatzwicklung des Transformators zu realisieren, könnte für die MF-Topologie auch ein zusätzlicher DC/DC-Konverter für die volle Nennleistung eingesetzt werden. Entsprechend den bereits eingesetzten DC/DC-Konvertern wird eine 2:1 Übersetzung realisiert. Dieser zusätzliche Konverter bedingt jedoch ein erhebliches Zusatzgewicht und -volumen. Alternativ könnten die vorhandenen DC/DC-Konverter genutzt werden. Dazu müssen diese primärseitig parallel geschaltet und mit dem 3 kV DC Traktionsnetz verbunden werden. Um die Anzahl der Hochspannungsdurchführungen aus der Isolationsbox nicht zu erhöhen, bietet es sich an, die Verschaltung entsprechend Abbildung 5.11 zu realisieren.

Im Betrieb unter 3 kV sind alle Schalter S_{3kV} geschlossen. Im 4-QS sind bis auf die grau dargestellten alle IGBTs eingeschaltet. Im Betrieb unter 1,5 kV wird Schalter $S_{1,5kV}$ geschlossen und der Wechselrichter ist über einen Filter direkt mit dem Traktionsnetz verbunden.

Nachteilig an dieser Lösung ist, dass alle Schalter S_{3kV} die volle Spannung, die im Betrieb an 15 kV bzw. 25 kV auftreten können, isolieren müssen – in Abbildung 5.11 durch einen gestrichelten Kreis gekennzeichnet. Damit ist auch die Baugröße dieser Schalter erheblich.

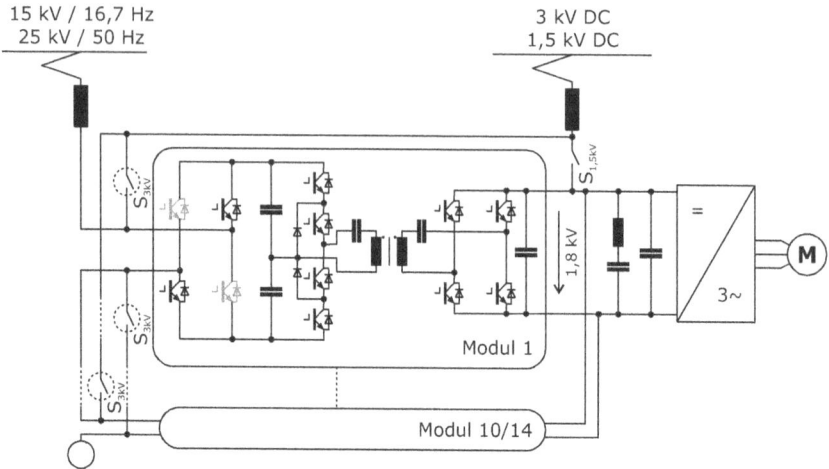

Abbildung 5.11: Realisierung von 3 kV über eine Parallelschaltung aller DC/DC-Konverter über mechanische Schalter; Schalter mit denen die volle AC-Spannung isoliert werden muss sind mit einem gestrichelten Kreis versehen

Die Parallelschaltung der DC/DC-Konverter ist dagegen weniger problematisch, denn die Halbleiterverluste in den Konvertern wirken symmetrierend auf die Stromverteilung. Daneben könnten in den DC/DC-Konvertern, die vergleichsweise viel Strom führen, die IGBTs kurz vor dem Stromnulldurchgang abgeschaltet werden, wie in Abschnitt 3.3.3 vorgestellt. Damit erhöht sich im in Abschnitt 3.1, Abbildung 3.2 b) gezeigten Ersatzschaltbild der Widerstand R_{ESB}, ohne dabei zu stark erhöhten Halbleiterverlusten zu führen. Auf diese Weise ließe sich eine vergleichsweise einfache, aktive Symmetrierung der parallelgeschalteten DC/DC-Konverter erreichen.

Aktiver Spannungsteiler

Der größte Nachteil, der einem Einsatz der DC/DC-Konverter entsprechend Abbildung 5.11 entgegensteht, ist das hohe benötigte Gewicht und Volumen der mechanischen Schalter zur Umgruppierung, die gegen die volle Netzspannung unter 15 kV bzw. 25 kV isoliert werden müssen. Eine Alternative bietet die Anordnung in Abbildung 5.12 [94].

Um eine Umgruppierung der MF-Topologie zu einem aktiven Spannungsteiler, wie er durch Alstom vorgeschlagen wurde (Abschnitt 5.2.2, Abbildung 5.7), zu ermöglichen, müssen je zwei Module zu einem Doppelmodul zusammengefasst und in einer gemeinsamen Isolationsbox untergebracht werden. Über den Schalter S_{3kV} auf der Hochspannungsseite der Isolationsbox und je einen IGBT der beiden 4-QS (die nicht einzuschaltenden IGBTs der 4-QS sind grau dargestellt) können die DC/DC-Konverter primärseitig parallel geschaltet werden. Über die Umschalter $S_{\text{AC,3kV}}$ wird je ein sekundärseitiger Kondensator in Serie zum jeweils anderen geschaltet. Die beiden zu einem Doppelmodul zusammengefassten Konverter bilden dann einen gemeinsamen DC/DC-Konverter, der entsprechend der in Abschnitt 5.2.2, Abbildung 5.7 vorgestellten Funktionsweise als aktiver Teiler verschaltet ist.

Im Gegensatz zu der in Abbildung 5.11 gezeigten Variante müssen die hier eingesetzten mechanischen Schalter jeweils nur für die im Betrieb unter 3 kV DC maximal auftretende Netzspannung ausgelegt sein.

105

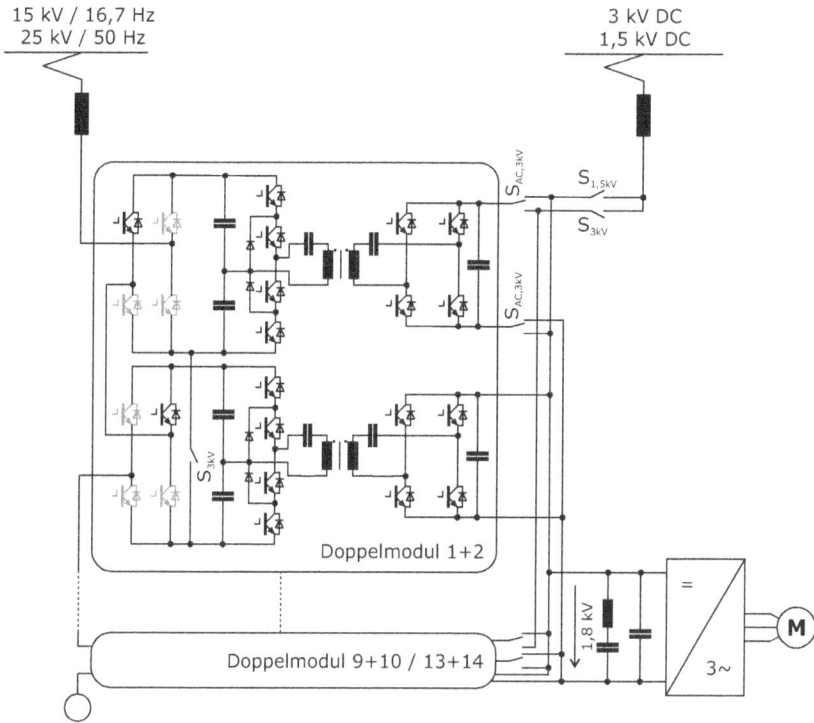

Abbildung 5.12: Realisierung von 3 kV über eine Verschaltung der DC/DC-Konverter als aktiver Spannungsteiler, entsprechend dem in Abschnitt 5.2.2, Abbildung 5.7 gezeigten Funktionsprinzip [94]

5.3.3 Bewertung der Varianten

Zur Realisierung der Zweisystemfähigkeit 15 kV / 16,7 Hz und 25 kV / 50 Hz muss die Anzahl der Module gegenüber einer 15 kV Einsystemvariante, wie in Abschnitt 5.3.1 vorgestellt, von 10 auf 14 erhöht werden. Da die Konverterleistung im Wesentlichen durch die maximal aus den SRCs abführbare Verlustleistung begrenzt wird, ist es sinnvoller, stets alle Module zu betreiben, als netzseitig einige Module kurz zu schließen. Die Schaltfrequenz der 4-QS bzw. die Kapazität der primärseitigen Zwischenkreise müssen dabei entsprechend den vorgestellten Auslegungshinweisen (Abbildung 5.9) dimensioniert werden.

Bei der Realisierung der Viersystemfähigkeit muss unterschieden werden, ob unter 1,5 kV die volle Traktionsleistung gefordert ist oder nicht. Typischerweise stellt eine Reduktion der Maximalleistung keinen Nachteil dar, da die maximal aus dem 1,5 kV Traktionsnetz entnehmbare Leistung begrenzt ist. In diesem Fall ist der Direktanschluss des Wechselrichters die einfachste Lösung. Der Wechselrichter und der Motor müssen für den Direktanschluss an das 3 kV Traktionsnetz ausgelegt und die Sekundärseiten der SRC entsprechend Abbildung 5.10 angepasst werden. Weiterer Zusatzaufwand entsteht bei Einsatz einer Stern-Dreieck-Umschaltung, da sich die Anzahl der Motorleitungen verdoppelt und ein mechanischer Umschalter vorgesehen werden muss. In dieser Konfiguration kann die MF-Topologie als aktives Filter eingesetzt werden, um die

Baugröße der bei Betrieb an Gleichspannung erforderlichen Netzdrossel zu verringern [97],[98]. Ist bei Betrieb im 1,5 kV / DC Netz die volle Traktionsleistung gefordert oder ist die Auslegung des Wechselrichters und Motors nicht für den Direktanschluss an das 3 kV Traktionsnetz möglich, so erfordert die Umgruppierung der MF-Topologie zu einem aktiven Spannungsteiler den geringsten Zusatzaufwand. Zwar ist die Anzahl der eingesetzten mechanischen Schalter hoch, doch können diese zum Teil als Gruppe betrieben werden und müssen nicht gegen die volle Netzspannung isoliert werden.

Kapitel 6

Zusammenfassung

In der vorliegenden Arbeit werden zunächst der bislang konventionelle Traktionsstrang und bisherige Bemühungen in der Traktion, den 16,7 Hz Netztransformator durch eine leistungselektronische Alternative zu ersetzen, vorgestellt. Durch die Klassifizierung der gezeigten Ansätze kann die Mittelfrequenztopologie eingeordnet werden. Eine kurze Darstellung der für die Arbeit wichtigsten Eigenschaften des IGBT erleichtert das Verständnis der beim Betrieb im Serienresonanzkonverter auftretenden Effekte und Herausforderungen. Schließlich wird das Ziel der vorliegenden Arbeit präzisiert.

Im dritten Kapitel wird der Serienresonanzkonverter, wie er in der Mittelfrequenztopologie zum Einsatz kommt, vorgestellt und daraus ein Teststand zur Untersuchung von IGBTs abgeleitet. Eine Betriebsweise, mit der sich trotz geringer Netzgeräteleistung der Dauerbetrieb des Konverters nachbilden lässt und die verwendeten Messmethoden werden beschrieben. Mit diesem Teststand werden die Einflüsse verschiedener Schaltungs- und Halbleiterparameter auf die Halbleiterverluste experimentell untersucht. Dabei zeigt sich, dass bei Variation der Resonanzfrequenz vor allem die Verluste in der Diode, bei Variation der Hauptfeldinduktivität vor allem die Verluste im IGBT beeinflusst werden. Die Festlegung einer Hauptfeldinduktivität erfordert dabei einen Kompromiss zwischen einer Reduktion der Verluste bei hohen Resonanzströmen und einer Erhöhung der Verluste bei geringen Resonanzströmen bzw. im Leerlauf. In den hier untersuchten Extremfällen entspricht z.b. eine durch Reduktion der Hauptfeldinduktivität erreichte Verringerung der im IGBT bei maximalem Strom auftretenden Verlustenergien um die Hälfte einer Erhöhung der Leerlaufverluste um das Vierfache. Weiter kann gezeigt werden, dass eine gewisse Toleranz bei der Wahl des Ausschaltzeitpunktes zulässig ist – d.h. die Einschaltdauer der IGBTs muss nicht exakt mit der halben Resonanzperiodendauer übereinstimmen. Dabei sollte in der untersuchten Schaltungskonfiguration die Einschaltdauer immer etwas – je nach Resonanzperiodendauer bis zu etwa 4 µs – kürzer und nicht länger gewählt werden, so dass ein kleiner Strom abgeschaltet wird. Der Einfluss der Ladungsträgerlebensdauer auf die Halbleiterverluste wird beim Vergleich von 6,5 kV mit 3,3 kV IGBTs und zwischen verschieden stark bestrahlten IGBTs deutlich: In den im Rahmen der Arbeit untersuchten IGBTs sind die auftretenden Verluste umso geringer, je kürzer die Ladungsträgerlebensdauer ist, also in stark bestrahlten oder 3,3 kV IGBTs. Schließlich wird erstmalig eine Schaltung – „Forced Evacuation Switch" FES – vorgestellt, die in ihrer Wirkung bei hohen Resonanzströmen dem Magnetisierungsstrom ähnlich ist, jedoch gleichzeitig geringe Verluste bei geringen Resonanzströmen bzw. bei Leerlauf ermöglicht.

Im vierten Kapitel werden die verschiedenen Schaltungsvarianten, durch Verknüpfung der Messergebnisse mit simulativ ermittelten Verläufen der Ströme durch die IGBT-Module, miteinander verglichen. Dabei wird auch der Einfluss des Vierquadrantenstellers und des primärseitigen Zwischenkreiskondensators in jedem Modul auf die Verluste der Halbleiter des Serienresonanzkonverters untersucht. Es wird gezeigt, dass zu jeder vorgegebenen Zwischenkreiskapazität eine Schaltfrequenz des Vierquadrantenstellers gefunden werden kann, unterhalb welcher in den Halbleitern des Serienresonanzkonverters Zusatzverluste auftreten. Eines der wichtigsten Ergebnisse der Arbeit ist, dass sich der geforderte Leistungsbereich von $-3\ldots 3\,\text{MW}$ der Mittelfrequenztopologie bei einer Schaltfrequenz von $8\,\text{kHz}$ mit den verfügbaren $6{,}5\,\text{kV}$ IGBTs mit der vorgegebenen, maximal aus einem Modul abführbaren Verlustleistung nicht realisieren lässt. Bei Annahme einer idealen Reihenschaltung von $3{,}3\,\text{kV}$ IGBTs lassen sich dafür mehrere Schaltungsvarianten mit verschiedenen IGBT-Typen finden, die den vollen Leistungsbereich ermöglichen. Daraus resultierend werden verschiedene Schaltungsvarianten des Serienresonanzkonverters untersucht, bei denen allein $3{,}3\,\text{kV}$ IGBTs zum Einsatz kommen. Die detaillierter untersuchten Mehrpunkttopologien 3-Level-Neutral Point Clamped (3L-NPC) Stromrichter und Reihenschaltung von Halbbrücken sind prinzipiell dafür geeignet. Dabei bietet die 3L-NPC Topologie eine einfache Methode der Symmetrierung des primärseitigen, geteilten Zwischenkreises, erfordert dafür jedoch zwei zusätzliche Dioden und komplexere Kommutierungsvorgänge. Die Halbleiterverluste sind bei beiden Topologien gleichmäßig zwischen den primärseitigen IGBTs verteilt, können jedoch bei ungünstiger Wahl der Kommutierungszeiten im 3L-NPC erhöht und asymmetrisch sein.

Im letzten Kapitel werden Konzepte zur Realisierung der Mehrsystemfähigkeit der Mittelfrequenztopologie untersucht. Dazu werden zunächst existierende Mehrsystemlösungen vorgestellt, deren Grundideen auf die Mittelfrequenztopologie übertragen werden können. Danach wird die Realisierung der Zweisystemfähigkeit $25\,\text{kV}$ / $50\,\text{Hz}$ und $15\,\text{kV}$ / $16{,}7\,\text{Hz}$ behandelt, wobei beim Betrieb des Vierquadrantenstellers eine ähnliche Problematik wie im vorhergehenden Kapitel auftritt. Der Zusammenhang zwischen primärseitiger Zwischenkreiskapazität und Schaltfrequenz des Vierquadrantenstellers wird für den Betrieb der Zweisystemvariante bei verschiedenen Netzspannungen untersucht, wobei die minimal zu wählende Schaltfrequenz des Vierquadrantenstellers durch die niedrigste auftretende Netzspannung bestimmt wird. Schließlich werden mehrere Möglichkeiten der Realisierung der vollen Mehrsystemfähigkeit (d.h. $25\,\text{kV}$ / $50\,\text{Hz}$, $15\,\text{kV}$ / $16{,}7\,\text{Hz}$, $3\,\text{kV}$ / DC und $1{,}5\,\text{kV}$ / DC) vorgestellt. Dabei stellen sich zwei als besonders vorteilhaft dar, je nachdem ob unter $1{,}5\,\text{kV}$ / DC die volle Traktionsleistung gefordert ist oder nicht.

Mit der vorliegenden Arbeit wird somit vor allem im Bereich der mittelfrequent schaltenden DC/DC-Konverter ein Beitrag zur erfolgreichen Realisierung und Weiterentwicklung der Mittelfrequenztopologie geleistet. Erste Hochrechnungen Dritter ergaben, dass mit einer in dieser Arbeit vorgeschlagenen DC/DC-Konverter-Topologie bei Verwendung des in Abschnitt 4.1.4 vorgestellten Fahrspiels gegenüber einer konventionellen Traktionstopologie über $70\,\%$ der Verlustenergie des Stromrichters und Transformators eingespart werden können [99]. Dieser theoretisch ermittelte Wert muss durch Messungen an einem Prototypen bestätigt werden, zeigt jedoch das erhebliche Potential der MF-Topologie.

Literaturverzeichnis

[1] SCHLOSSER, R., SCHMIDT, H., et.al.: *Development of high-temperature superconducting transformers for railway applications.* IEEE Transactions on Applied Superconductivity, 2005.

[2] MEINERT, M. und BINDER, A.: *Active damping of inrush and DC-currents for high temperature Superconducting (HTS)-transformers on rail vehicles.* IEEE Transactions on Applied Superconductivity, 2003.

[3] MENIKEN, H.: *Stromrichtersystem mit Wechselspannungszwischenkreis und seine Anwendung in der Traktionstechnik.* Dissertation, RWTH Aachen, 1978.

[4] VICTOR, M.: *Massearme Energieversorgung für Traktionsanwendungen* Dissertation, TU Braunschweig, 2002.

[5] KOLAR, J.W. und ORTIZ, G.: *Solid State Transformer Concepts in Traction and Smart Grid Applications.* Tutorial at the 15th International Power Electronics and Motion Control Conference (ECCE Europe 2012), Novi Sad, Serbia, September 4-6, 2012.

[6] ÖSTLUND, S.: *A primary switched converter system for traction applications.* Dissertation, KTH Stockholm, 1992.

[7] ÖSTLUND, S.: *Reduction of transformer rated power and line current harmonics in a primary switched converter system for traction applications.* Fifth European Conference on Power Electronics and Applications, EPE, Brighton, 1993.

[8] NORRGA, S.: *A soft-switched bi-directional isolated AC/DC converter for AC-fed railway propulsion applications* International Conference on Power Electronics, Machines and Drives, Bath, 2002.

[9] KJELLVIST, T., NORRGA, S. und ÖSTLUND, S.: *Design Considerations for a Medium Frequency Transformer in a Line Side Power Conversion System.* 32th Annual IEEE Power Electronics Specialists Conference, Aachen, 2004.

[10] KJELLVIST, T., NORRGA, S. und ÖSTLUND, S.: *Switching Frequency Limit for Soft-Switching MF Transformer System for AC-fed Traction,* IEEE 36th Power Electronics Specialists Conference PESC, Recife, 2005.

[11] KJAER, P.C., NORRGA, S. ÖSTLUND, S.: *A primary-switched line-side converter using zero-voltage switching.* IEEE Transactions on Industry Applications, 2001.

[12] CARPITA, M., PELLERIN, M. und HERMINJARD J.: *Medium Frequency Transformer for Traction Applications making use of Multilevel Converter: Small Scale Prototype Test Results.* International Symposium on Power Electronics, Electrical Drives, Automation and Motion, SPEEDAM, Taormina, 2006.

[13] CARPITA, M., MARCHESONI, M., et.al.: *Multilevel Converter for Traction Applications: Small-Scale Prototype Tests Results.* IEEE Transactions on Industrial Electronics, 2008.

[14] HUGO, N., STEFANUTTI, P., et.al.: *Power electronics traction transformer* European Conference on Power Electronics and Applications, Aalborg, 2007.

[15] MARTIN, J., LADOUX, P., et.al.: *Medium Frequency Transformer for Railway Traction: Soft Switching Converter with High Voltage Semi-Conductors.* International Symposium on Power Electronics, Electrical Drives, Automation and Motion, SPEEDAM, Ischia, 2008.

[16] CASARIN, J., LADOUX, P., et.al.: *AC/DC Converter with Medium Frequency Link for Railway Traction Application. Evaluation of semiconductor losses and operating limits.* International Symposium on Power Electronics, Electrical Drives, Automation and Motion, SPEEDAM, Pisa, 2010.

[17] CASARIN, J., LADOUX, P., et.al.: *Evaluation of High Voltage SiC diodes in a medium frequency AC/DC converter for railway traction.* International Symposium on Power Electronics, Electrical Drives, Automation and Motion, SPEEDAM, Sorrento, 2012.

[18] PITTERMANN, M., DRÁBEK, P., et.al.: *The study of using the traction drive topology with the middle-frequency transformer.* 13th Power Electronics and Motion Control Conference, EPE-PEMC, Poznań, 2008.

[19] DRÁBEK, P. und PITTERMANN, M.: *Novel primary high voltage traction converter with single-phase matrix converter.* IEEE Vehicle Power and Propulsion Conference, VPPC, Dearborn, 2009.

[20] DRÁBEK, P., PEROUTKA, Z., et.al.: *New Configuration of Traction Converter With Medium-Frequency Transformer Using Matrix Converters.* IEEE Transactions on Industrial Electronics, 2011.

[21] KJELLVIST, T., NORRGA, S., et.al.: *Thermal evaluation of a medium frequency transformer in a line side conversion system.* 13th European Conference on Power Electronics and Applications, EPE, Barcelona, 2009.

[22] Offenlegungsschrift DE19630284(A1): *Antriebssystem für ein Schienenfahrzeug und Ansteuerverfahren hierzu,* angemeldet am 26.7.1996, veröffentlicht am 29.1.1998. Anmelder: ABB PATENT GMBH, Erfinder: STEINER, M. und REINOLD, H.

[23] STEINER, M.: *Seriegeschaltete Gleichspannungszwischenkreisumrichter in Traktionsanwendungen am Wechselspannungsfahrdraht.* Dissertation ETH Zürich, 2000.

[24] ESSER, A. und SKUDELNY, H.-C.: *A New Approach to Power Supplies for Robots.* IEEE Transactions on Industry Applications, Vol. 27, No. 5, September/October 1991.

[25] ZUBER, D.: *Mittelfrequente resonante DC/DC-Wandler für Traktionsanwendungen.* Dissertation ETH Zürich, 2001.

[26] REINOLD, H. und STEINER, M.: *Characterization of Semiconductor Losses in Series Resonant DC-DC Converters for High Power Applications using Transformers with Low Leakage Inductance.* European Conference on Power Electronics and Applications, EPE, Lausanne, 1999.

[27] STEINER, M. und REINOLD, H.: *Medium frequency topology in railway applications.* European Conference on Power Electronics and Applications, Aalborg, 2007.

[28] WEIGEL, J. und NAGEL, A.: *High Voltage IGBTs in Medium Frequency Traction Power Supply.* European Conference on Power Electronics and Applications, EPE, Barcelona, 2009.

[29] HOFFMANN, H. und PIEPENBREIER, B.: *High Voltage IGBTs and Medium Frequency Transformer in DC-DC Converters for Railway Applications*. International Symposium on Power Electronics, Electrical Drives, Automation and Motion, SPEEDAM, Pisa, 2010.

[30] BERNET, S.: *Recent Developments of High Power Converters for Industry and Traction Applications*. IEEE Transactions on Power Electronics, Vol. 15, No. 6, November 2000.

[31] ZHAO, C., LEWDENI-SCHMID, S., et.al.: *Design, implementation and performance of a modular power electronic transformer (PET) for railway application*. 14th European Conference on Power Electronics and Applications, EPE, Birmingham, 2011.

[32] DUJIC, D., MESTER, A., et.al.: *Laboratory scale prototype of a power electronic transformer for traction applications* . 14th European Conference on Power Electronics and Applications, EPE, Birmingham, 2011.

[33] DUJIC, D., STEINKE, G., et.al.: *Soft Switching Characterization of a 6.5kV IGBT for High Power LLC Resonant DC-DC Converter*. Power Conversion Intelligent Motion, PCIM, Nürnberg, 2012.

[34] DUJIC, D., LEWDENI-SCHMID, S., et.al.: *Experimental Characterization of LLC Resonant DC/DC Converter for Medium Voltage Applications*. PCIM Europe 2011, Nürnberg.

[35] VILLAR, I., MIR, L., et.al.: *Optimal Design and Experimental Validation of a Medium-Frequency 400kVA Power Transformer for Railway Traction Applications*. IEEE Energy Conversion Congress and Exposition, ECCE, Raleigh, 2012.

[36] CLAESSENS, M., DUJIC, D., et.al.: *Traction transformation. A power-electronic traction transformer (PETT)*. ABB review 1/12, S. 11–17, http://www.abb.com.

[37] Offenlegungsschift DE19941170(A1): *Selbstsymmetrierende Einspeiseschaltung*, angemeldet am 30.8.1999, veröffentlicht am 8.3.2001. Anmelder: WEH, H., Prof. Dr.-Ing Dr.h.c., Braunschweig, Erfinder: DEGÈLE, B., VICTOR, M. und WEH, H.

[38] ENGEL, B., VICTOR, M., et.al.: *15 kV/16.7 Hz Energy Supply System with Medium Frequency Transformer and 6.5 kV IGBTs in Resonant Operation*. European Conference on Power Electronics and Applications, EPE, Toulouse, 2003.

[39] *Elektronik statt Eisen: der Alstom „eTransformator"*. Eisenbahn-Revue 8-9/2003.

[40] Patentschrift DE10103031(B4): *Stromrichterschaltung mit verteilten Energiespeichern und Verfahren zur Steuerung einer derartigen Stromrichterschaltung*, angemeldet am 24.1.2001, veröffentlicht am 1.12.2011. Patentinhaber: SIEMENS AG, Erfinder: MARQUARDT, R. Prof. Dr.-Ing.

[41] GLINKA, M. und MARQUARDT, R.: *A new single-phase ac/ac-multilevel converter for traction vehicles operating on ac line voltage.* European Conference on Power Electronics and Applications, EPE, Toulouse, 2003.

[42] GLINKA, M. und MARQUARDT, R.: *A new AC/AC-multilevel converter family applied to a single-phase converter*. The Fifth International Conference on Power Electronics and Drive Systems, PEDS, Taipeh, 2003.

[43] GLINKA, M.: *Prototype of multiphase modular-multilevel-converter with 2 MW power rating and 17-level-output-voltage*. IEEE 35th Annual Power Electronics Specialists Conference, PESC, Aachen, 2004.

[44] Offenlegungsschrift DE19614627(A1): *Hochspannungs-Stromrichtersystem*, angemeldet am 13.4.1996, veröffentlicht am 16.10.1997. Anmelder: ABB PATENT GMBH, Erfinder: STEINER, M. und KRAFKA, P.

[45] DEPLAZES, R.: *Neue transformatorlose Schaltungstopologie für Traktionsantriebe auf der Basis von 3-Stern-Asynchronnnaschinen.* Dissertation, ETH Zürich, 1999.

[46] DIECKERHOFF, S.: *Transformatorlose Stromrichterschaltungen für Bahnfahrzeuge am $16\frac{2}{3}Hz$ Netz.* Dissertation, RWTH Aachen, 2003.

[47] DIECKERHOFF, S., BERNET, S. und KRUG, D.: *Evaluation of IGBT multilevel converters for transformerless traction applications.* IEEE 34th Annual Power Electronics Specialist Conference, PESC, Acapulco, 2003.

[48] DIECKERHOFF, S., BERNET, S. und KRUG, D.: *Power loss-oriented evaluation of high voltage IGBTs and multilevel converters in transformerless traction applications.* IEEE Transactions on Power Electronics, 2005.

[49] VOLKE, A. und HORNKAMP, M.: *IGBT Modules. Technologies, Driver and Application.* Infineon Technologies AG, München, 2011.

[50] KHANNA, V. D.: *The Insulated Gate Bipolar Transistor. IGBT Theory and Design.* IEEE Press, John Wiley and Sons, Inc., 2003.

[51] WINTRICH, A., NICOLAI, U. et.al.: *Applikationshandbuch Leistungshalbleiter.* Semikron International GmbH. ISLE, 2010.

[52] ECKEL, H.-G. und BAKRAN, M.: *Modern high-voltage IGBTs and their turn-off performance.* IEEE Industrial Electronics Conference IECON, 2006.

[53] BERNET, S.: *Leistungselektronik 1.* Skript, TU Dresden, 2009.

[54] BERNET, S.: *Leistungshalbleiter als Nullstromschalter in Stromrichtern mit weichen Schaltvorgängen.* Dissertation, Ilmenau, 1995.

[55] LASKA, T., MÜNZER, M., et.al.: *The Field Stop IGBT (FS IGBT). A new power device concept with a great improvement potential.* The 12th International Symposium on Power Semiconductor Devices and ICs, 2000.

[56] LINDENMÜLLER, L., BERNET, S. und KLEINICHEN, P.: *A novel topology to characterize high voltage IGBTs in a soft switching converter.* Semiconductor Conference Dresden (SCD), 2011.

[57] Patentschrift DE19750041(C1): *Halbleitersteller zur Erzeugung einer konstanten Ausgleichspannung Ua ohne Eingangsstromverzerrung bei variabler oder gleichgerichteter Eingangsspannung Ue*, angemeldet am 12.11.1997, veröffentlicht am 21.1.1999. Patentinhaber: SMA REGELSYSTEME GMBH, Erfinder: FALK A.

[58] LeCroy: *WaveRunner Xi-A Series* http://cdn.lecroy.com/files/pdf/lecroy_waverunner_xi-a_datasheet.pdf [Stand 20.03.2012].

[59] PEM UK: *Basic operation—rogowski coil transducers.* http://www.pemuk.com/howitworks.html [Stand 1.4.2012].

[60] HEWSON, C.R., RAY, W.F.: *The effect of electrostatic screening of Rogowski coils designed for wide-bandwidth current measurement in power electronic applications.* Power Electronics Specialists Conference, PESC, 2004.

[61] ALLEGRO Microsystems Inc.: ACS758xCB. Thermally Enhanced, Fully Integrated, Hall Effect-Based Linear Current Sensor IC with 100 μΩ Current Conductor. http://www.allegromicro.com [Stand 3.4.2012].

[62] FLOETH ELECTRONIC: *HV6HHS-30A (automotive) & HV6HHS-30I (industrial) IGBT DRIVER MODULES. Hard turn on / profiled turn off.* http://www.floeth-electronic.com/Products/HVxHHS-Katalog-1115.pdf [Stand 18.4.2012].

[63] INFINEON TECHNOLOGIES: *Technische Information / technical information FZ500R65KE3.* Infineon http://www.infineon.com, 22.8.2012.

[64] INFINEON TECHNOLOGIES: *Technische Information / technical information FZ1000R33HE3.* Infineon http://www.infineon.com, 16.7.2010.

[65] MAST, J., SCHEIBLE, G. und GUELDNER, H.: *Comparison of Switching Devices in Scalable Switch Concept for Medium Voltage Medium Frequency Power Conversion.* The 27th Annual Conference of the IEEE Industrial Electronics Society, IECON '01. , Denver, 2001.

[66] LINDENMÜLLER, L.: *Schaltungsanordnung mit elektronischem Schalter.* Patentanmeldung 12 179 944.9, Anmeldetag: 9.8.2012.

[67] SEMIKRON: *SKM 180A020 SEMITRANS^{TM} M1 Power MOSFET Module.* Semikron http://www.semikron.com/, 2.11.2012.

[68] ACEITON, R., WEBER, J. und BERNET, S.: *Level-Shifted PWM for a multilevel traction converter using a state composer.* IEEE Energy Conversion Congress and Exposition ECCE, Raleigh, 2012.

[69] ROHNER, S.: *Thermisches Ersatzschatbild Infineon.* Email vom 8.7.2011.

[70] NAGEL, A., BERNET, S., et.al.: *Design of IGCT series connection for 6 kV medium voltage drives.* PWM Medium Voltage Drives (Ref. No. 2000/063), IEE Seminar, Birmingham, 2000.

[71] NAGEL, A., BERNET, S., et.al.: *Characterization of IGCTs for series connected operation.* IEEE Industry Applications Conference, Rom, 2000.

[72] COCCIA, A., CANALES, F., et.al.: *Very high performance AC/DC/DC converter architecture for traction power supplies.* 13th European Conference on Power Electronics and Applications, EPE, Barcelona, 2009.

[73] BRÜCKNER, T.: *The Active NPC Converter for Medium-Voltage Drives.* PhD thesis, Dresden 2005. Shaker Verlag ISBN 3-8322-5270-3.

[74] SAYAGO, J.: *Investigation and Comparison of Three-Level NPC Converters for Medium Voltage Applications.* PhD thesis, Dresden 2009. Verlag Dr.Hut, ISBN 3-86853-073-5.

[75] Patentschrift EP2180586(B1): *Converter circuit and unit and system with such a converter circuit,* angemeldet am 27.10.2008, veröffentlicht am 28.4.2010. Patentinhaber: ABB RESEARCH LTD (CH), Erfinder: COCCIA, A., CANALES, F., et.al.

[76] Patentschrift US6344979(B1): *LLC series resonant DC-to-DC converter,* angemeldet am 9.2.2001, veröffentlicht am 5.2.2002. Patentinhaber: DELTA ELECTRONICS, INC. (TW), Erfinder: HUANG G., ZHANG A.J. und GU Y.

[77] CELANONIC, N. und BOROJEVIC, D.: *A comprehensive study of neutral-point volta-ge balancing problem in three-level neutral-point-clamped voltage source pwm inverters.* Applied Power Electronics Conference and Exposition, APEC, 1999.

[78] KANG, D., MA, C. et.al.: *Simple control strategy for balancing the dc-link voltage of neutral-point-clamped inverter at low modulation index.* IEE Proceedings Electric Power Applications, 2004.

[79] POU, J., ZARAGOZA, J., et.al.: *A carrier-based pwm strategy with zero-sequence voltage injection for a three-level neutral-point-clamped converter.* IEEE Transactions on Power Electronics, vol. 27, no. 2, pp. 642–651, 2012.

[80] SHEN, J., SCHRODER, S., et.al.: *A neutral point balancing controller for three-level inverter with full power-factor range and low distortion.* Energy Conversion Congress and Exposition, ECCE, 2011.

[81] DIN EN 50163 (VDE 0115-102): *Bahnanwendungen — Speisespannungen von Bahnnetzen; Deutsche Fassung EN 50163:2004.* Deutsche Norm, gültig ab 1.7.2005.

[82] STEIMEL, A.: *Under Europe's incompatible catenary voltages a review of multi-system traction technology.* Electrical Systems for Aircraft, Railway and Ship Propulsion, ESARS, 2012.

[83] VAN DER WEEM, J., et.al.: *New generation IGBT Four-Quadrant-Converter for multi-system rail vehicles using a novel control strategy.* European Conference on Power Electronics and Application, EPE, 2003.

[84] FUCHS, A., et.al.: *Advanced multi-system locomotive using 6.5 kV-power semiconductors.* European Conference on Power Electronics and Application, EPE, 1999.

[85] ECKEL, H.-G. et.al.: *Traction Converter for Multi-System Locomotive with 6.5 kV IGBTs.* European Conference on Power Electronics and Application, EPE, 2003.

[86] BAKRAN, M.M., et.al.: *Comparison of multisystem traction converters for high-power locomotives.* Power Electronics Specialists Conference, PESC, 2004.

[87] BAKRAN, M.M. und ECKEL, H.-G.: *Power Electronics Technologies for Locomotives.* Power Conversion Conference, PCC, Nagoya, 2007.

[88] SCHREIBER, M. u. SPILLMANN, M.: *Die Mehrsystemlokomotive Re 484 für SBB Cargo.* S. 442–448, Eisenbahn-Revue 10/2004.

[89] PROVOST, A.: *Dreisystemlokomotive Baureihe 36000 ASTRIDE.* S. 216f., Elektrische Bahnen 8/97.

[90] COLASSE, A. et.al.: *Development of a Multi-Voltage Locomotive with 6.5 kV IGBTs.* European Conference on Power Electronics and Application, EPE, 2003.

[91] WESCHTA, A.: *Traction technology of the new class S252 and S447 power units for the Spanish Railways Renfe.* 23rd Annual IEEE Power Electronics Specialists Conference, PESC, 1992.

[92] WIEGLEB, M. et.al.: *Stadlers Mehrsystem-Triebzug Flirt für die TILO.* S. 490–497, Eisenbahn-Revue 10/2006.

[93] ECKEL, H.-G.: *A new Family of Modular IGBT Converters for Traction Applications.* European Conference on Power Electronics and Application, EPE, 2005.

[94] LINDENMÜLLER, L., FRÖHLICH, M. und REINOLD, H.: *Elektrische Energiever-sorgungsanordnung für Antriebseinrichtungen, zum Betreiben eines Schienenfahrzeugs an elektrischen Versorgungsnetzen.* Patentanmeldung 10 2011 085 481.9, Anmeldetag: 28.10.2011.

[95] CARPITA, M., et.al.: *Transformer used as a DC link filter inductance in DC high power traction applications.* European Conference on Power Electronics and Applications, EPE, 2005.

[96] RICHTLINIE 807.0201: *Ausgewählte Maßnahmen und Anforderungen an das System Fahrweg/Fahrzeug, Elektromagnetische Verträglichkeit, Störstromgrenzwerte für Trieb-fahrzeuge.* DB Netz, gültig ab 1.6.2003.

[97] CASCONE, V., et.al.: *Design of active filters for dynamic damping of harmonic currents generated by asynchronous drives in modern high power locomotives.* Power Electronics Specialists Conference, PESC, 1992.

[98] LINDENMÜLLER, L. und REINOLD, H.: *Electrical Power Supply Assembly for Drive Units of Rail Vehicles.* Patentanmeldung 10 2010 044 322.0-32, Anmeldetag: 3.9.2010.

[99] GÜLDNER, H.: *Untersuchungen zu mehrsystemfähigen Schaltungskonzepten bei Verwen-dung der kaskadierten MF-Topologie für den grenzüberschreitenden Bahnverkehr. Bericht zu M-UA 4: Aussagen zur Nachhaltigkeit, Teil 2: Ergänzung zum Bericht M-UA4 vom 10. August 2012.* GWT Gesellschaft für Wissens- und Technologietransfer TU Dresden, Februar 2013.

www.ingramcontent.com/pod-product-compliance
Lightning Source LLC
Chambersburg PA
CBHW060320220326
41598CB00027B/4382